JN181490

犬と猫の耳の医学

臼井玲子 著

文永堂出版

筆者略歴

臼井玲子

- 1976 年　東京農工大学農学部獣医学科卒業
- 1980 年　宇都宮市に臼井犬猫病院を開設
- 1996 年　麻布大学　博士（獣医学）
- 2006 年　日本獣医生命科学大学客員教授を兼務

筆者近影

序　文

　私の願いは「犬や猫の外耳炎・中耳炎・内耳炎」を撲滅することです。耳道入口が膿で溢れたり耳介が発赤したり耳道閉塞している犬に出会うたびに，苦しい日々を過ごしてきた動物の痛みを思い胸が痛みます。そんな動物たちを助けることができます。ビデオオトスコープ療法により多くの外耳炎は治ります。鼓膜を治療すればほとんどの外耳炎は治ります。幼犬時に鼓膜を精査し鼓膜外側面凹部の毛のタイプを知り対処すれば，外耳炎を未然に防ぐことができるのです。

　外耳炎から中耳炎そして内耳炎へと炎症が波及するまでには多くの時間がかかります。外耳炎の段階で撲滅することができれば，炎症は中耳や内耳には波及しないで済みます。外耳炎は鼓膜の病気であり，鼓膜を精査し鼓膜の異常を改善すれば耳炎は治ります。

　犬や猫は小さい人ではありません。犬や猫は全身が毛で覆われた生き物です。毛を無視しては治療が成り立ちません。鼓膜外側面凹部には毛が生えていたり，毛が落下していたりして分泌物が固着しています。分泌物は微生物の温床になっています。そこを清浄化し適切な薬剤を投与すると耳炎は終息します。鼓膜と耳道を清浄化すると組織本来の修復力で治癒します。

　耳炎は細菌との戦いでもあります。なかでも *Staphylococcus pseudintermedius* と緑膿菌は2大横綱です。緑膿菌はビデオオトスコープ療法とアミカシンで制圧可能です。しかし *Staphylococcus pseudintermedius* は少し油断するとたちまち耐性を獲得してしまいます。とにかく早く的確に制圧する必要があります。

　筆者はビデオオトスコープ療法を延べ5000回以上行いました。当初は治療間隔に悩みましたが，難治性のものほど間隔は短い方が効果的です。耳治療はビデオオトスコープ療法が最適です。ビデオオトスコープ療法を行っても，通常の洗浄を組み合わせてしまうと治癒は望めません。

　ビデオオトスコープ療法は熟練が必要です。麻酔が必要です。しかし通常の洗浄とは全く異なります。たった1回のビデオオトスコープ療法で大きな成果を得ることができます。

　高温多湿の日本の気候は，鼓膜外側面凹部の微生物を繁殖させます。耳炎はさらに増加します。ビデオオトスコープ療法は，日本で生まれ先生方の技術で発展し，動物たちに恩恵をもたらします。

2015年9月
臼井玲子

謝　辞

　本書は，鼓膜に魅せられた9年間に及ぶ筆者の集大成です。手探りと思いつきとで凝集した耳炎との戦いの記録です。最初から耳に興味があった訳ではありません。何でもこなす一般臨床家の筆者が，ビデオオトスコープと出会い，鼓膜に魅せられ，耳炎の治癒過程を経験しながらビデオオトスコープ療法を確立した記録です。

　日中は診療に従事し夜は診療記録を整理し執筆に明け暮れた楽しい日々でした。Movie により感動が再現され，ワクワクした時間を過ごした至福の時間でもありました。

　当初はビデオオトスコープ療法に懐疑的であった家人も，耳道の回復に目をみはり協力を惜しみませんでした。この場をかりて獣医学博士臼井良一氏に深謝します。またビデオオトスコープ療法を一緒に楽しんでくれた動物看護師の福田美奈子さんに心から感謝します。そしてご助言いただいた VEP（耳研）のチャーターメンバーの先生方，貴重な写真をご提供くださった山口勝先生に感謝します。さらに文永堂出版編集部の松本　晶氏と木村美佐子さんの労に深謝いたします。

本書を読むにあたって

1. 筆者による呼称の解説

　ここに示す用語は正式なものではなく，筆者が呼称しているものである。適切な用語がないため，本書ではこの用語を使用する。

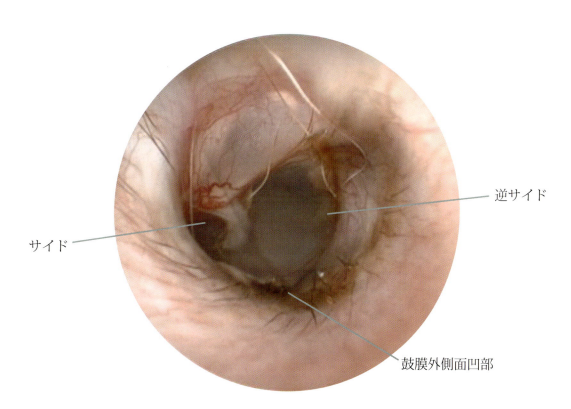

サイド：ツチ骨柄と耳道に挟まれた吻側部分。毛が挟まりやすく分泌物が固着しやすい。
逆サイド：サイドと逆の部位。
鼓膜外側面凹部：鼓膜の手前で耳道が窪んだ部分，鼓膜緊張部と耳道が接する周辺で腹側にある陥凹した部位。

犬

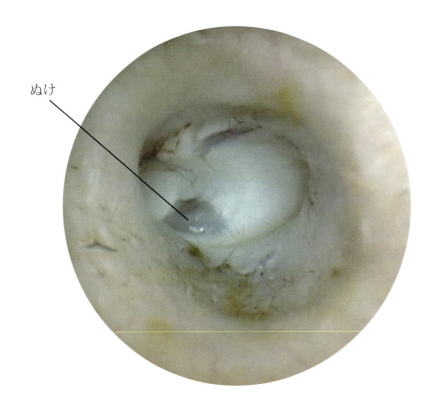

猫

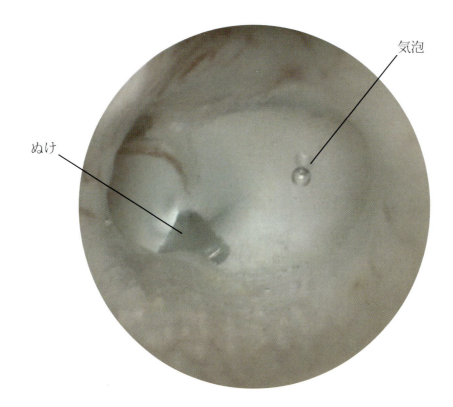

ぬけ：洗浄液の投入時，鼓膜緊張部の一部が半透明（黒）に見える所がある。この部位を「ぬけ」いう。

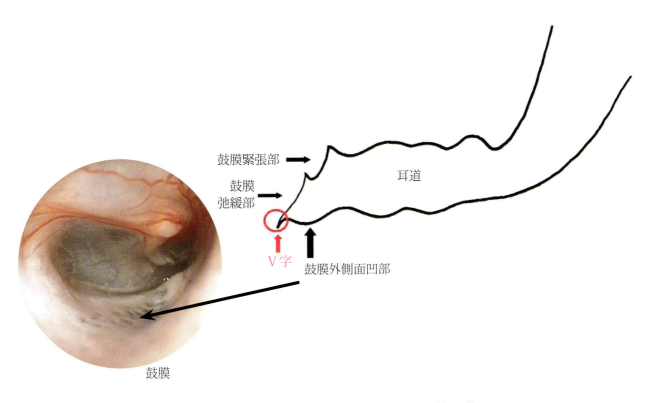

V字：鼓膜緊張部と耳道との接合部，軟骨輪と骨性耳道との間の楔上の間隙。【Movie 3-2】

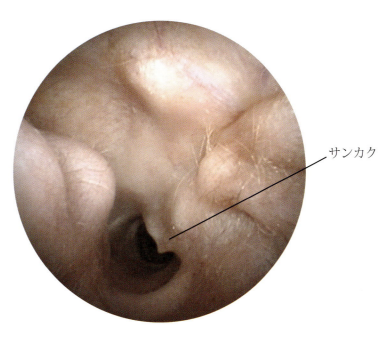

サンカク：背側からの雛壁。ここから奥が水平耳道。ミニチュア・ダックスフンドで顕著。

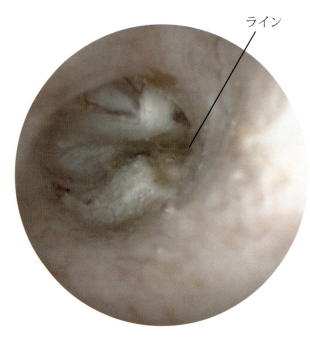

トップライン：鼓膜弛緩部12時方向から耳道入口に向かって耳道が線状に腫大する。この部分を「トップライン」と呼んでいる。鼓膜や耳道に激しい炎症が起き，耳道が閉塞する時に観察される。通常は観察されない。

ライン：ツチ骨柄と骨性隆起の間。分泌物が固着し，除去しにくい。

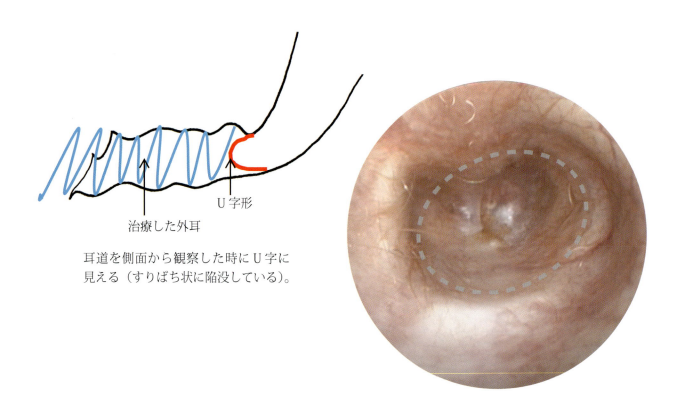

耳道を側面から観察した時にU字に見える（すりばち状に陥没している）。

U字形：全耳道切除術を行わずにビデオオトスコープ療法で修復した場合の，完治した状態を「U字形に閉鎖」と呼んでいる。

参考文献：Usui, R. et al. (2015)：A canine case of otitis media examined and cured using a video otoscope. *J. Vet. Med. Sci.* 77(2): 237-239 より

2. 症例の記載について

「細胞診」について

　局所薬および内服薬（細菌培養検査結果がでるまで）を選択する目的で，病院内で細胞診を実施した。採取部位は，耳道の入口および耳道の中間部分と鼓膜外側面凹部からの1～2か所とした。

　主に桿菌と球菌およびマラセチアを検出することに主眼をおき，細胞については記載していない。採取および鏡検はそれぞれ同一人物が行い，統一性を心がけた。また，結果は「＋」「＋＋」「＋＋＋」と表示した。

「細菌培養検査」について

　利便性から地元の「人の検査センター」を利用した。

　結果については，特に記載のないものは「＋」。「＋＋」以上のものについてのみ，「＋＋」「＋＋＋」と表示した。

「ブドウ球菌の記載の仕方」について

　犬の耳に疾患を及ぼす菌種として *Staphlococcus intermedius* が一般的であったが，2005年に *Staphlococcus pseudintermedius* が新たな菌種として報告された。そして従来，*Staphlococcus intermedius* と報告されていたものの多くは *Staphlococcus pseudintermedius* であることも報告された。

　筆者も本書の原稿の執筆に当たり，*Staphlococcus intermedius* と判定していたもののうち，その性状より明らかに *Staphlococcus pseudintermedius* であるというものについては両菌種名を以下のように併記している。

Staphlococcus intermedius
　（*Stap. pseudintermedius*）

参考文献：Sasaki,T., Kikuchi,K., Tanaka,Y., Takahashi,N., Kamata,S. & Hiramatsu,K.（2007）：*J. Clinic. Microviol.* 45, 2770-2778.

「アレルギー検査」について

　アレルギー検査は2社で実施した。陰性や要注意でも比較的高値を示すものは陽性とした。

「局所薬」について

　耳道内を清浄後，洗浄液を吸引して排除してから点耳薬を滴下した。滴下薬は，2～3回滴下しその都度回収した。また，局所薬を滴下する前に，生理的食塩水や注射用蒸留水でリンスする場合もあった。

「内服薬」について

　抗菌剤と抗真菌剤はビデオオトスコープ療法実施後に投与した。原則としてステロイド剤や非ステロイド性抗炎症剤（NSAIDs）などは使用しなかった。

「抗真菌剤」について

　抗真菌剤は副作用（肝疾患など）を考慮して連日投与はせず，推奨量より減らして短期間のみ投与し

た。耳炎が治癒するとマラセチアは検出されなくなった。高温多湿などの影響で耳炎が再発するとわずかに検出されることもあったが，再度ビデオオトスコープ療法で改善することが多かった。

「毛のタイプ」について

「毛のタイプ」と記載されているものは，すべて「鼓膜外側面凹部の毛のタイプ」をさす。

本書で取り上げている耳炎症例は，「直立タイプ」が多い。

「治療」について

本文中に特に記載がない場合も，すべての症例においてビデオオトスコープ療法を実施している。

「2回目」，「3回目」，…等は，初診日（1回目）から数えたビデオオトスコープ療法による治療の回数をさす。また，「6日後」，「13日後」，…等は，初診日から数えた日数を表す。

3. 本文中の薬剤の表記について

本文中の薬剤の表記については，読みやすさ，理解しやすさを第一に臨床の現場に即した表現にした。そのため商品名，成分名が混在していたり，商品名は正式な名称ではなく簡略した表現で記載した場合もある。それらを補足するために「薬剤一覧」の表（次頁）を添付した。薬用量や投与方法についてもこの表にまとめている。

4. 薬剤およびフード一覧

薬剤一覧

商品名	成分	推奨薬用量等	販売会社	注意事項
抗菌剤（注射）				
アミカマイシン注射液100mg	アミカシン硫酸塩	1日4〜8mg/kgを1〜2回に分割し点滴静注（筋注も可）	明治製菓株式会社	腎障害，難聴
点滴静注用バンコマイシン0.5「MEEK」	バンコマイシン塩酸塩	1日40mg/kgを2〜4回に分割し点滴静注	Meiji Seika ファルマ株式会社	腎障害，難聴
ペントシリン注射用	ピペラシリンナトリウム	1日50〜125mg/kgを2〜4回に分割し点滴静注（筋注も可）	大正富山医薬株式会社	
犬・猫用バイトリル2.5%注射液	エンロフロキサシン	1日1回5mg/kg	バイエル薬品株式会社	
コンベニア注	セフォベシンナトリウム	1回8mg/kg 14日間有効	ゾエティス・ジャパン株式会社	
抗菌剤（内服）				
PRIMOR	スルファメトキサゾールとトリメトプリムの合剤（ST）	1日24mg/kgを1回	Pfizer Animal Health	
SIMPLICEF	cefpodoxime proxetil	1日10mg/kgを1回	Pfizer Pharmacia & Upjohn Company	
シンプリセフ錠	セフポドキシムプロキセチル	1日5〜10mg/kgを1回	ゾエティス・ジャパン株式会社	
ビクタスSS錠	オルビフロキサシン	1日3〜5mg/kgを1回	DSファーマアニマルヘルス株式会社	
ミノマイシン錠50mg	ミノサイクリン塩酸塩	1日5〜10mg/kgを1〜2回に分服	ファイザー株式会社	
ホスミシン錠250	ホスホマイシンカルシウム水和物	1日40〜120mg/kgを3〜4回に分服	Meiji Seika ファルマ株式会社	
抗真菌剤（内服）				
イトラコナゾール錠50mg/100g	イトラコナゾール	1日3〜5mg/kg 当院では1日2〜5mg/kgを，3日飲んで1日休薬，2日飲んで2日休薬，2日飲んで5日休薬（パルス療法）など，症状により適宜投与間隔を変えている。連日投与はしていない。	日医工株式会社	肝障害
Feoris	ケトコナゾール	イトラコナゾールと同様	Mutual Pharmaceutical Co.,Inc.	

つづく

薬剤一覧（つづき）

商品名	成分	推奨薬用量等	販売会社	注意事項
点耳薬				
人工涙液マイティア点眼液	塩化ナトリウム，塩化カリウム，乾燥炭酸ナトリウム 他		千寿製薬株式会社	
動物用ウェルメイトL3	オフロキサシン，ケトコナゾール，トリアムシノロンアセトニド	ビデオオトスコープ療法のときのみ点耳，複数回滴下し回収	明治製菓株式会社	
トブラシン点眼液0.3%	トブラマイシン点眼液		日東メディック株式会社	
タリビット耳科用液0.3%	オフロキサシン	ビデオオトスコープ療法のときのみ点耳，複数回滴下し回収	第一三共株式会社	
輸液製剤				
ソルデム1	開始液		テルモ株式会社	
ビーフリード輸液	ビタミンB1・糖・電解質・アミノ酸液		大塚製薬株式会社	
殺ダニ剤				
イベルメクチン注「タムラ」	イベルメクチン	200〜400μg/kg	田村製薬株式会社	

主なフードと販売会社

商品名	販売会社
z/d ULTRA	日本ヒルズ・コルゲート株式会社
z/d ULTRA（缶詰）	日本ヒルズ・コルゲート株式会社
アミノペプチドフォーミュラ	ロイヤルカナン
アミノプロテクトケア	ノバルティスアニマルヘルス株式会社

5. 抗微生物薬略号一覧

略号	英語	日本語
ABK	arbekacin（HBK）	アルベカシン
ABPC	ampicillin	アンピシリン
AMK	amikacin	アミカシン
AMPC	amoxicillin	アモキシシリン
AMPC/CVA	amoxicillin/clavulanic acid	アモキシシリン/クラブラン酸
CEX	cephalexin	セファレキシン
CEZ	cefazolin	セファゾリン
CLDM	clindamycin	クリンダマイシン
CMZ	cefmetazole（CS-1170）	セフメタゾール
CP	chloramphenicol	クロラムフェニコール
CPDX	cefpodoxime proxetil	セフポドキシムプロキセチル
CPFX	ciprofloxacin（BAYo9867）	シプロフロキサシン
CPZ	cefoperazone（T-1551）	セフォペラゾン
CTM	cefotiam（SCE-963）	セフォチアム
CVA	clavulanic acid	クラブラン酸
ERFX	enrofloxacin	エンロフロキサシン
FOM	fosfomycin	ホスホマイシン
GM	gentamicin	ゲンタマイシン
LFLX	lomefloxacin（NY-198）	ロメフロキサシン
LZD	linezolid	リネゾリド
MINO	minocycline	ミノサイクリン
MUP	mupirocin	ムピロシン
OFLX	ofloxacin（DL-8280）	オフロキサシン
PIPC	piperacillin	ピペラシリン
ST	sulfamethoxazole-trimethoprim	スルファメトキサゾール−トリメトプリム
TEIC	teicoplanin	テイコプラニン
TOB	tobramycin	トブラマイシン
VCM	vancomycin	バンコマイシン

6. 血液検査項目およびその他の略号一覧

血液検査項目の略号

略号	用語
血液一般検査	
WBC	白血球数
RBC	赤血球数
HGB	ヘモグロビン
HCT	ヘマトクリット値
MCV	平均赤血球容積
MCH	平均赤血球血色素量
MCHC	平均赤血球血色素濃度
PLT	血小板数
RDW	赤血球粒度分布
PCT	血小板クリット
MPV	平均血小板容積
PDW	血小板粒度分布
血液生化学検査	
Glu	ブドウ糖, グルコース
T-Cho	総コレステロール
BUN	血液尿素窒素
T-Bil	総ビリルビン
GOT（AST）	グルタミン酸オキサロ酢酸トランスアミナーゼ（アスパラギン酸アミノトランスフェラーゼ）
GPT（ALT）	グルタミン酸ピルビン酸トランスアミナーゼ（アラニンアミノトランスフェラーゼ）
Cre	クレアチニン
ALP	アルカリ性フォスファターゼ

略号	用語
CT	コンピュータ断層撮影
MRI	磁気共鳴画像
VO	ビデオオトスコープ
MRSA	メチシリン耐性黄色ブドウ球菌

略号	用語
IV	静脈内投与
SC	皮下投与
PO	経口投与

目　次

本書を読むにあたって ……………………………………………………………………… vii

第1章　ビデオオトスコープと鼓膜画像 ……………………………………………… 1
　1．ビデオオトスコープの導入 ………………………………………………………… 1
　2．ビデオオトスコープによる画像 …………………………………………………… 2
　　1）犬の正常鼓膜 …………………………………………………………………… 2
　　2）犬の鼓膜の様々な像 …………………………………………………………… 3
　　3）猫の正常鼓膜 …………………………………………………………………… 10
　　4）猫の鼓膜の様々な像 …………………………………………………………… 10
　3．治療の流れ ………………………………………………………………………… 13
　　1）耳介検査 ………………………………………………………………………… 13
　　2）鼓膜の初期治療 ………………………………………………………………… 13
　　3）鼓膜の有無と予後 ……………………………………………………………… 13
　4．ビデオオトスコープと手持ち耳鏡 ………………………………………………… 14

第2章　ビデオオトスコープ療法の基本 ……………………………………………… 19
　1．ビデオオトスコープ療法とは ……………………………………………………… 19
　　1）準備するもの …………………………………………………………………… 19
　　2）方　法 …………………………………………………………………………… 20
　　3）留意点 …………………………………………………………………………… 21
　2．硬性鏡の角度とそのとき見える画像 ……………………………………………… 22
　　1）犬（左耳） ……………………………………………………………………… 22
　　2）猫（右耳） ……………………………………………………………………… 24

第3章　耳炎の原因と対処法 …………………………………………………………… 25
　1．原因と対処法 ………………………………………………………………………… 25
　2．上皮移動，鼓膜外側面凹部，V字 ………………………………………………… 30
　　1）上皮移動 ………………………………………………………………………… 30
　　2）鼓膜外側面凹部 ………………………………………………………………… 30
　　3）V字 ……………………………………………………………………………… 30
　3．鼓膜外側面凹部の毛のタイプ ……………………………………………………… 31
　4．従来の治療との差，犬種の差 ……………………………………………………… 33

第4章　外耳炎の治療 …………………………………………………………………… 39
　1．ミニチュア・ダックスフンド ……………………………………………………… 39
　　症例1 ………………………………………………………………………………… 41
　　症例2 ………………………………………………………………………………… 42

症例 3 ……………………………………………………………………………… 44
　　　症例 4 ……………………………………………………………………………… 46
　　　症例コメント ……………………………………………………………………… 49
　2．アメリカン・コッカー・スパニエル ……………………………………………… 50
　　　症例 1 ……………………………………………………………………………… 52
　　　症例 2 ……………………………………………………………………………… 54
　　　症例コメント ……………………………………………………………………… 56
　3．フレンチ・ブルドッグ ……………………………………………………………… 57
　　　症例 1 ……………………………………………………………………………… 58
　　　症例 2 ……………………………………………………………………………… 59
　　　症例コメント ……………………………………………………………………… 60
　4．パ　グ ………………………………………………………………………………… 61
　　　症例 1 ……………………………………………………………………………… 62
　　　症例 2 ……………………………………………………………………………… 63
　　　症例コメント ……………………………………………………………………… 64
　5．柴　犬 ………………………………………………………………………………… 65
　　　症例 1 ……………………………………………………………………………… 67
　　　症例 2 ……………………………………………………………………………… 68
　　　症例コメント ……………………………………………………………………… 69
　6．トイ・プードル ……………………………………………………………………… 70
　　　症例 1 ……………………………………………………………………………… 72
　　　症例 2 ……………………………………………………………………………… 75
　　　症例 3 ……………………………………………………………………………… 77
　　　症例 4 ……………………………………………………………………………… 81
　　　症例コメント ……………………………………………………………………… 82
　7．キャバリア・キング・チャールズ・スパニエル ………………………………… 83
　　　症例 1 ……………………………………………………………………………… 84
　　　症例 2 ……………………………………………………………………………… 85
　　　症例コメント ……………………………………………………………………… 86
　8．ラブラドール・レトリーバー ……………………………………………………… 87
　　　症例 1 ……………………………………………………………………………… 89
　　　症例 2 ……………………………………………………………………………… 90
　　　症例コメント ……………………………………………………………………… 91
　9．ウェルシュ・コーギー・ペンブローグ …………………………………………… 92
　　　症例 1 ……………………………………………………………………………… 94
　　　症例 2 ……………………………………………………………………………… 96
　　　症例コメント ……………………………………………………………………… 97
　10．ヨークシャー・テリア ……………………………………………………………… 98
　　　症例 1 ……………………………………………………………………………… 99
　　　症例コメント ……………………………………………………………………… 100

11. チワワ	101
症例 1	102
症例コメント	103
12. ミニチュア・シュナウザー	104
症例 1	105
症例コメント	106
13. アメリカンカール	107
症例 1	107
症例コメント	108
14. アメリカン・ショートヘアー	109
症例 1	109
症例コメント	110
15. ミックス（猫）	111
症例 1	111
症例コメント	113
16. スコティッシュ・フォールド	114
症例 1	114
症例コメント	115

第5章　中耳炎の症例

1．鼓膜が再生可能であった症例	117
1）症例 1　犬　右耳	117
2）症例 2　犬　右耳	120
2．鼓膜が再生されなかった症例	123
1）症例 3　犬　右耳	123

第6章　ミミヒゼンダニ寄生症例

1．犬の症例	131
1）症例 1　右耳	131
2．猫の症例	134
1）症例 2　左耳	134

第7章　炎症性ポリープの症例

1．犬の症例	137
1）症例 1　右耳	137
2．猫の症例	141
1）症例 2　左耳	141

第8章　難治性耳炎の治療

1．難治性外耳炎	147

1）症例1　犬　左耳 …………………………………………………………………… 147
　　2）症例2　犬　右耳 …………………………………………………………………… 153
　2．難治性中耳炎 …………………………………………………………………………… 157
　　1）症例3　犬　右耳 …………………………………………………………………… 157
　3．アメリカン・コッカー・スパニエルの耳道閉塞 ……………………………………… 162
　　1）症例4　左耳 ………………………………………………………………………… 162
　4．中耳炎（右耳）と耳道内腫瘤（左耳）のコントロール ……………………………… 168
　　1）症例5　犬　右耳 …………………………………………………………………… 168
　　2）症例6　症例5の左耳 ……………………………………………………………… 175
　5．水平眼振 ………………………………………………………………………………… 185
　　1）症例7　猫　右耳 …………………………………………………………………… 185
　6．奇　形 …………………………………………………………………………………… 188
　　1）症例8　犬　左耳 …………………………………………………………………… 188

第9章　犬の全耳道切除術とU字形 ……………………………………………………… 191
　1．はじめに ………………………………………………………………………………… 191
　　1）全耳道切除術と合併症対策 ………………………………………………………… 191
　　2）U字形 ………………………………………………………………………………… 194
　　3）その他の外科手術 …………………………………………………………………… 194
　2．全耳道切除術の症例 …………………………………………………………………… 194
　　1）症例1　犬　右耳 …………………………………………………………………… 194
　　2）症例2　症例1の左耳 ……………………………………………………………… 200
　3．U字形の症例 …………………………………………………………………………… 206
　　1）症例3　犬　右耳 …………………………………………………………………… 206

参考・引用文献 ………………………………………………………………………………… 213
索　引 ………………………………………………………………………………………… 215
DVD-ROM ご利用にあたって ……………………………………………………………… 219

第1章
ビデオオトスコープと鼓膜画像

1．ビデオオトスコープの導入

　耳炎は直ちに命の危険を感じさせる疾病ではないが，数多くの動物が日々悩み苦しんでいる。延々と耳炎を患いやがて慢性化し，難治性となって外科的処置を余儀なくされる場合も少なくない。筆者は，2006年9月よりビデオオトスコープを導入し，検査に利用するだけでなく，治療にも応用する「ビデオオトスコープ療法」（第2章）を確立した。これによって中耳炎が速やかに診断できる。また，今まで難治性耳炎として半ば諦めていた症例を治癒に導くことができる。最大の特徴は，鼓膜の精査と治療を可能にしたことである。

　いままで鼓膜の病変（損傷など）に注目されることは稀であった。しかし，ビデオオトスコープで観察すると鼓膜の損傷や異変の多さに驚愕する。固着した毛のほか，充血，出血，鼓膜表面についた耳道の脱落した表皮など鼓膜そのものの損傷を細かく診断することができる。

　手持ち耳鏡では単に黒く見えた分泌物は，実は何層もの分泌物の堆積であったり，ほんの数本にしか見えなかった鼓膜周辺の毛が実は多数であったり，毛が鼓膜と耳道の間に挟まっていたり，分泌物が絡んで固着していたりする。毛は，①鼓膜周辺に存在していたもの，②耳道に生えていたもの，③耳道入口や体表の毛が脱落したもの，などその由来は様々である。それらの毛が鼓膜周辺に蓄積する。毛と耳垢腺・皮脂腺などから分泌される分泌物とが固着している。こうした毛と分泌物は，耳道や鼓膜の清浄化を妨げるだけでなく，微生物の温床になっている。

　様々な治療に抵抗し何度も再発する耳炎は，このような微生物が力をつけ耐性菌へと変化した結果ではなかろうか。一見治癒したかにみえ時を経て難治性耳炎へと移行する。微生物の温床は，薬剤のみで消滅させることはできない。根こそぎ除去しなければならない。微生物の温床を安全かつ的確に除去するためには，ビデオオトスコープ療法が最適である。毛や分泌物を摘出除去し清浄化したのち適切な薬剤を使用することで耳炎は快方へ向かう。

　ビデオオトスコープ療法はモニター画面を見ながら可視化で操作するので，安全で確実である。鉗子チャンネルから把持鉗子を挿入し固着した毛と分泌物を摘出する。さらに鉗子チャンネルから栄養カテーテルを挿入して洗浄する。こうして耳道や鼓膜を清浄化して耳炎を治癒に導く。

　ビデオオトスコープは，鼓膜や耳道を10数倍に拡大して観察でき，鼓膜周辺の死角部分も明瞭となる。鼓膜と耳道の間の隙間に挟まった毛や潜んでいる毛を発見することもある。これらの毛を除去することで炎症を予防することができる。鼓膜の細部まで精査することは，耳炎の早期発見に役立ち耳炎をより早く治癒させる。

　難治性といわれている緑膿菌やブドウ球菌（*Staphylococcus pseudintermedius*）も，感染初期には有効な抗菌剤が多く存在し，診断が早ければ耐性菌となることは少ない。初期の段階で短期間に制圧するかが治療のカギとなる。初診日にビデオオトスコープ療法にて分泌物を除去し，細菌培養検査を実施して有効な抗菌剤を投与し，治療の適期を逃さないことが肝要である。早期診断・

早期治療は耳炎において重要である。

またビデオオトスコープ療法により外側耳道切除術，垂直耳道切除術，鼓室胞骨切り術の多くは不要となる。また全耳道切除術の一部も不要となる。

ビデオオトスコープ療法は鼓膜周辺の清浄化に貢献し，耳炎を治癒へと導くことができる。

2．ビデオオトスコープによる画像

1）犬の正常鼓膜

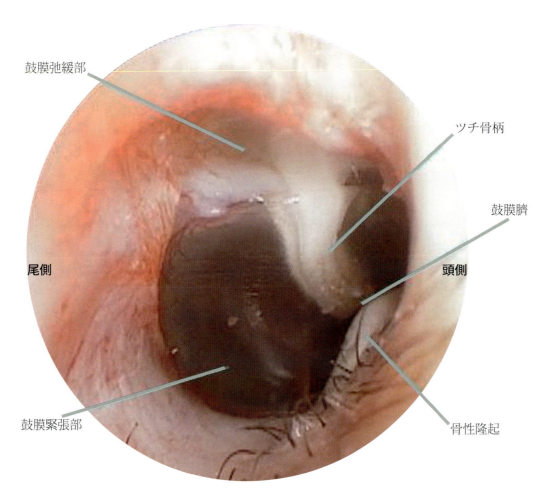

図 1-1　正常鼓膜
ボーダー・コリー（右耳）
（写真提供：山口　勝先生）

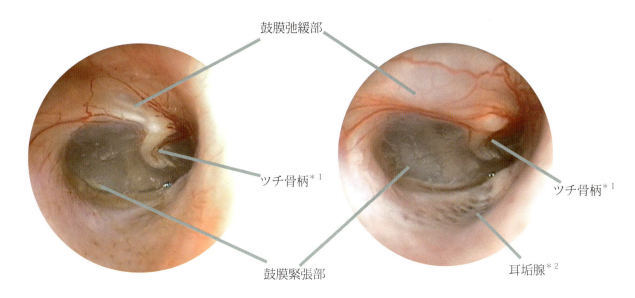

図 1-2　正常鼓膜
犬種により鼓膜の形に特徴がある。左は Mix（右耳），右はトイ・プードル（右耳）
*¹ 中耳にあるツチ骨柄が透けて見えている。
*² この部分に分泌物が貯留することから，「耳垢腺の開口部」であると筆者は推測している。
　　本書においては「耳垢腺」と記載している。
【Movie 1-1】

2）犬の鼓膜の様々な像

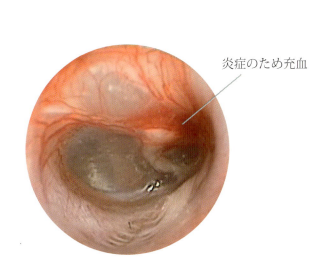

図 1-3　鼓膜弛緩部（サイド*³ の上）が充血
トイ・プードル

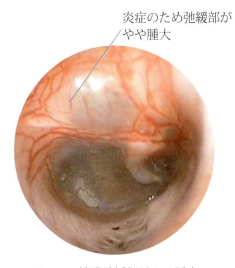

図 1-4　鼓膜弛緩部がやや腫大
トイ・プードル

*³ 筆者による呼称。「本書を読むにあたって」vii 頁参照。

鼓膜弛緩部

洗浄の刺激で発赤（血管が損傷）

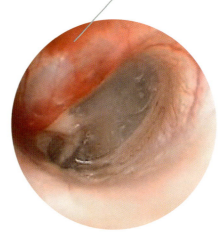

図 1-5　膨隆した鼓膜弛緩部
　　　　ゴールデン・レトリーバー

図 1-6　鼓膜弛緩部の発赤
　　　　シェットランド・シープドッグ

点耳薬がわずかに貯留

鼓膜表面に剥がれた
耳道の表皮が付着

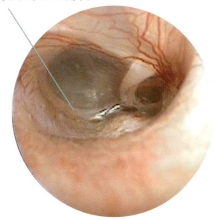
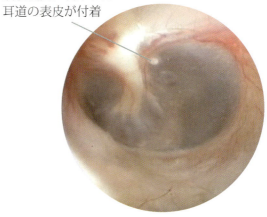

図 1-7　鼓膜緊張部に点耳薬が貯留
　　　　ミニチュア・ダックスフンド

図 1-8　鼓膜緊張部に表皮が付着
　　　　ラブラドール・レトリーバー

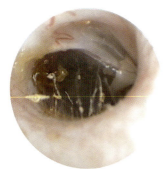
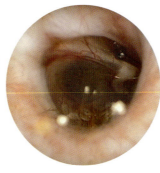
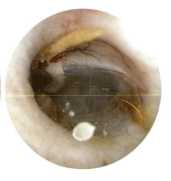

図 1-9　耳垢腺の分泌物（白色）が毛に付着している。

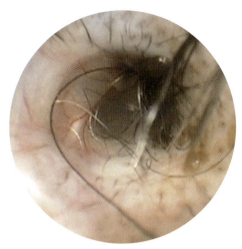

図 1-10　鼓膜外側面凹部*の長く伸びた毛

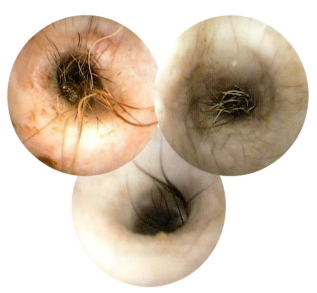

図 1-11　鼓膜に向かう毛

*筆者による呼称。「本書を読むにあたって」vii 頁参照。

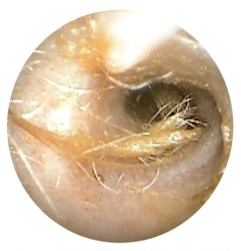

図 1-12　鼓膜周辺に密集する毛と分泌物

図 1-13　鼓膜に付着する毛と鼓膜外側面凹部の分泌物

図 1-14　鼓膜を覆う毛，鼓膜弛緩部は腫大している。

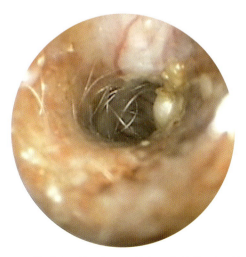

図 1-15　鼓膜を覆う毛，耳道内は分泌物が固着している。

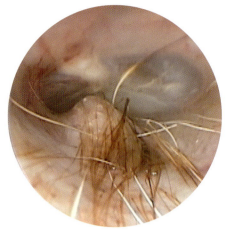

図1-16 鼓膜外側面凹部の流れるタイプの毛，毛が鼓膜を刺激している。

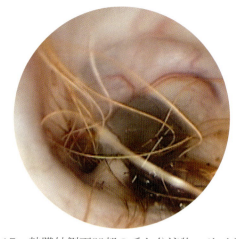

図1-17 鼓膜外側面凹部の毛と分泌物，サイドに多数の毛が挟まっている。

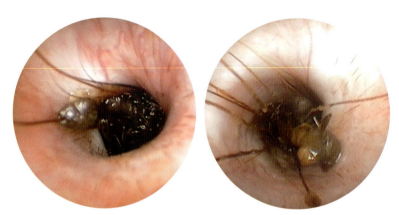

図1-18 ノギが鼓膜に向かって侵入。

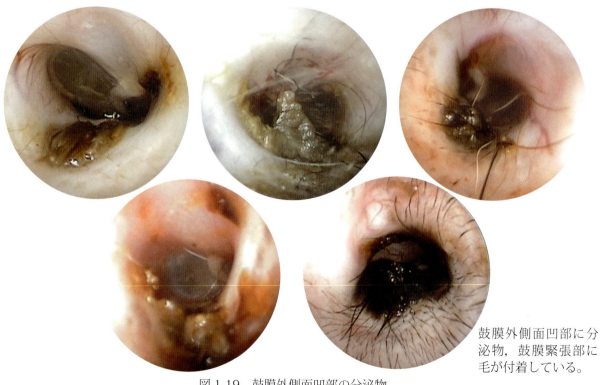

鼓膜外側面凹部に分泌物，鼓膜緊張部に毛が付着している。

図1-19 鼓膜外側面凹部の分泌物

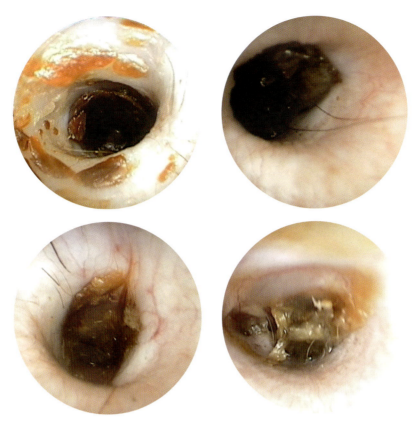

図 1-20　鼓膜を覆う分泌物，鼓膜は見えない。

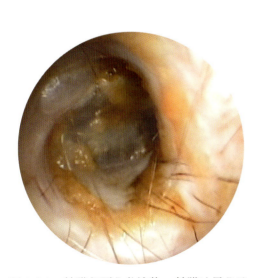

図 1-21　鼓膜を覆う分泌物，鼓膜は見える。

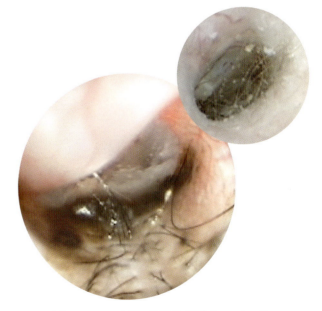

図 1-22　V 字*に分泌物が詰まっている。

---

*筆者による呼称。「本書を読むにあたって」ix 頁参照。

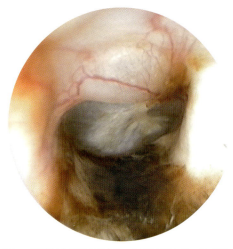

図 1-23　鼓膜外側面凹部に色素が沈着（以前分泌物が固着していた），緊張部は不透明である。

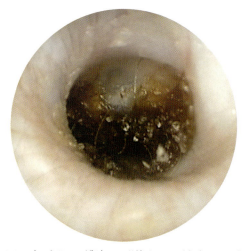

図 1-24　トリミング時に耳道入口に塗布した白い粉が付着し，鼓膜はやがて爛れ障害される。

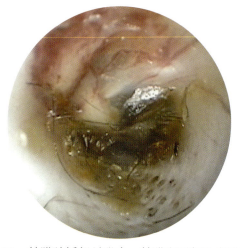

図 1-25　鼓膜弛緩部が発赤，鼓膜緊張部を半透明な分泌物が覆う。

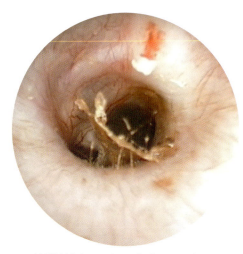

図 1-26　鼓膜外側面凹部の直立タイプの毛が分泌物を押し上げている。

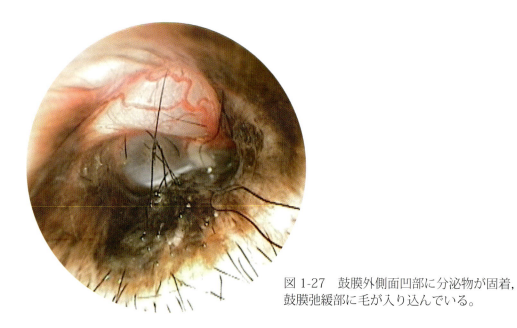

図 1-27　鼓膜外側面凹部に分泌物が固着，鼓膜弛緩部に毛が入り込んでいる。

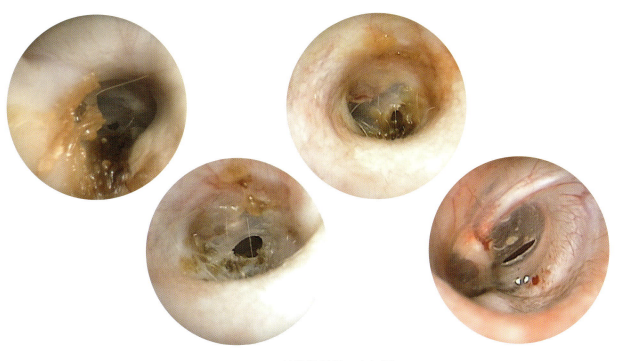

図 1-28　鼓膜緊張部の小欠損

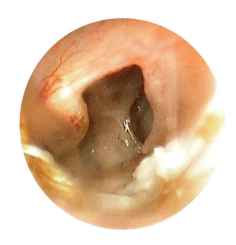

図 1-29　鼓膜緊張部の大欠損

図 1-30　鼓膜弛緩部・鼓膜緊張部の大欠損

3）猫の正常鼓膜

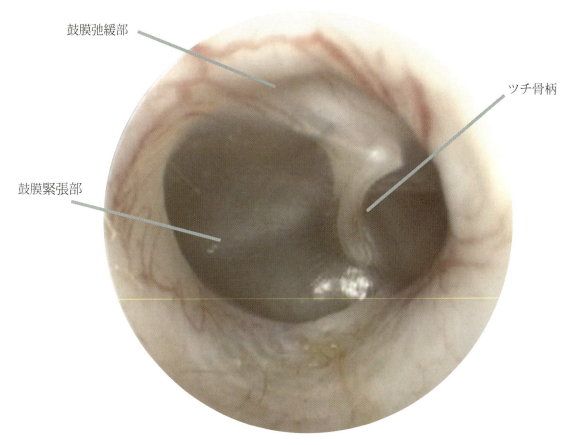

図1-31　正常鼓膜（右耳）
【Movie 1-2】

4）猫の鼓膜の様々な像

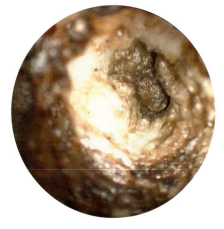

図1-32　分泌物が充満した耳道（鼓膜は見えない）

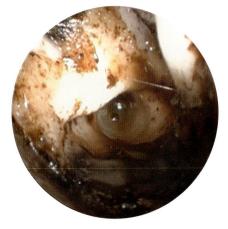

図1-33　鼓膜表面を覆う膿

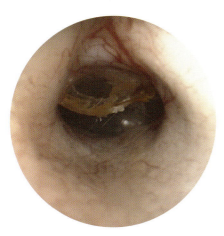

図1-34　鼓膜表面に付着した分泌物

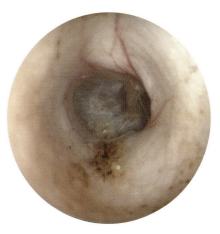

図1-35　鼓膜表面に付着した毛の刺激で鼓膜が損傷（中耳炎を起こしている）

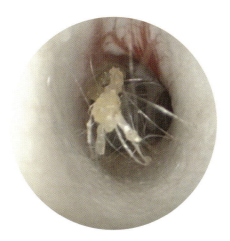

図1-36　鼓膜に落下した毛に分泌物が固着

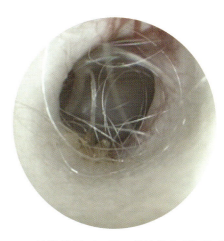

図1-37　鼓膜外側面凹部の分泌物と落下した毛

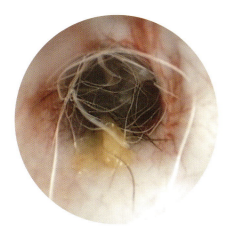

図1-38　鼓膜の周囲に付着した毛と分泌物により炎症が惹起（発赤）

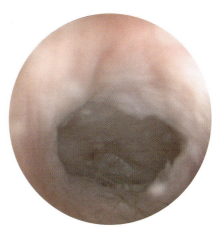

図1-39　直立した毛と表面が剥離した鼓膜

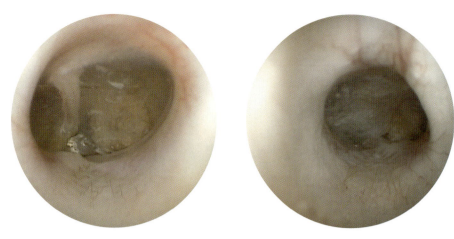

図 1-40　鼓膜緊張部の小欠損

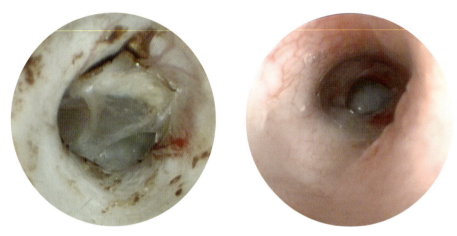

図 1-41　鼓膜緊張部の大欠損

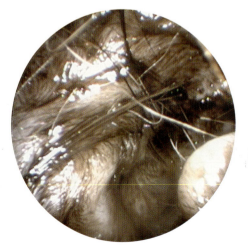

図 1-42　耳道に付着した毛，この場合，鼓膜周辺にも毛が観察されることが多い

3．治療の流れ

1）耳介検査

耳の異常を訴えている場合は，まず耳介を観察する。分泌物がない場合でも鼓膜に異常があり外耳炎を起こしていることが多い。ビデオオトスコープで耳道や鼓膜を精査すると早期診断が可能となる。

2）鼓膜の初期治療

鼓膜と鼓膜周辺には分泌物と毛が付着していることが多い（図 1-43）。空気の振動が鼓膜に伝わるため，鼓膜に毛が接触していると少ない本数でも犬や猫は不快に感じる。不快感から耳を掻き，外耳炎へと発展する。鼓膜に異変を感じると耳道入口だけでなく首の腹側（鼓膜の位置）を掻くことがサインとなる。鼓膜周辺に落下した毛を丁寧に取り除くことで外耳炎を早期に診断し治癒することができる。

3）鼓膜の有無と予後

鼓膜が存在する場合と鼓膜が損傷している場合とでは，その後の治療法と予後は大きく変わる（図 1-44）。

鼓膜がある場合は炎症が激しくてもビデオオトスコープ療法は威力を発揮する。鼓膜周辺や鼓膜外側面凹部，さらに耳道を清浄化することで耳炎は治癒する（第 4 章）。また，鼓膜損傷が軽度で，検出された微生物が耐性菌でない場合は，鼓膜再生が期待できる。鼓膜再生後も引き続きビデオオトスコープ療法を実施して耳道を清浄化することで耳炎は治癒する（第 5 章 1）。不幸にして鼓膜再生が不能の場合は，全耳道切除術や U 字形*法を選択する（第 9 章）。手術前に耳道や鼓室など，ビデオオトスコープを用いて術野を清浄化すると，その後の合併症を減らすことができる。

*筆者による呼称。「本書を読むにあたって」x 頁参照。

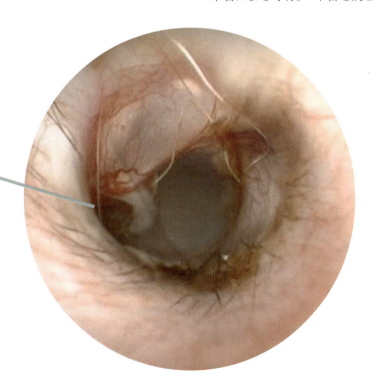

サイド
この部分に多数の毛が挟まっていることがある

図 1-43　鼓膜に付着している毛
毛を摘出することで耳炎を予防する。

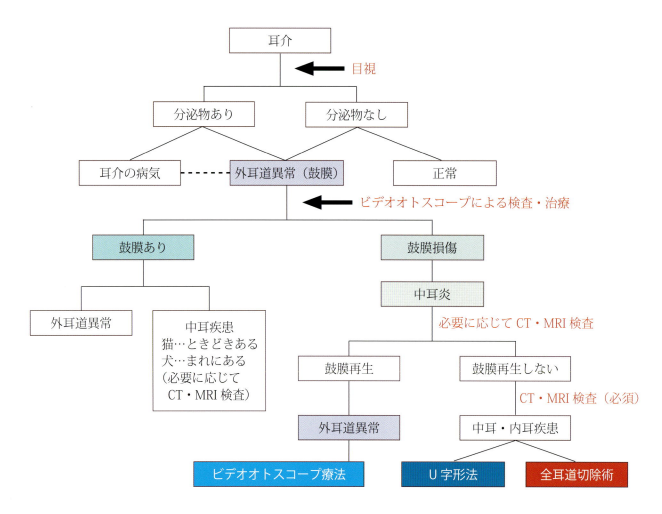

図 1-44 治療のながれ

4．ビデオオトスコープと手持ち耳鏡

　ビデオオトスコープと手持ち耳鏡の画像を比べたのが図 1-45 で，その違いは明瞭である。ビデオオトスコープでは，鼓膜の細部や鼓膜弛緩部の血管，緊張部の透明感や放射状（コラーゲン線維）の線までくっきりと観察できる。一方，手持ち耳鏡では死角部分が多く，鼓膜外側面凹部や鼓膜弛緩部に存在する毛を観察することはできない。鼓膜弛緩部の血管走行も不明瞭である。また，コーン（手持ち耳鏡の先端に付ける器具）の縁には，観察時に挿入した分泌物が付着している。観察時に耳道入口の分泌物を耳道奥に移動させている。これは上皮移動に逆行し，耳炎の治療に妨げになる。さらに分泌物を鼓膜に付着させてしまう可能性があり鼓膜の障害を惹起することがある。

　猫の耳垢栓と鼓膜周辺の毛を観察したのが図 1-46 である。右耳（R）をビデオオトスコープで観察すると耳道にすっぽりはまった耳垢栓が観察できる。形状や混入している毛は明瞭である。一方手持ち耳鏡では耳垢栓の一部が黒い影のように観察され，耳道と耳垢栓の間には空間があるように見える。また，耳垢栓に混入している毛は観察できない。左耳（L）は鼓膜や鼓膜周辺に落下した毛である。ビデオオトスコープでは，鼓膜に張り付いた毛やツチ骨柄を刺激している毛の集団が

ビデオオトコープ　　　　　　　　　　　　　　手持ち耳鏡

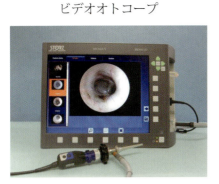

L
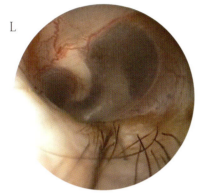

図1-45　同じ犬（ラブラドール・レトリーバー）の鼓膜をビデオオトスコープと手持ち耳鏡で同時に観察

ビデオオトコープ　　　　　　　　　　　　　　手持ち耳鏡

R
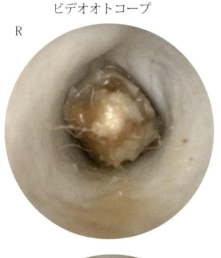
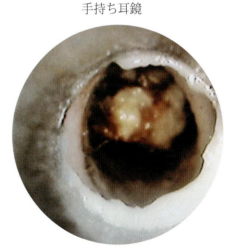

L
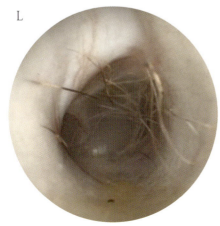
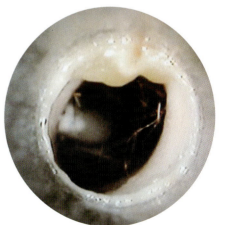

図1-46　同じ猫（スコティッシュ・フォールド）の鼓膜をビデオオトスコープと手持ち耳鏡で同時に観察

図 1-47　手持ち耳鏡で猫の耳道を観察中

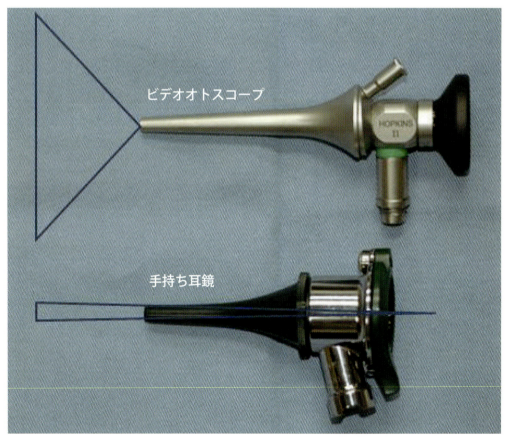

図 1-48　ビデオオトスコープと手持ち耳鏡の視野の違い
（写真提供：山口　勝先生）

明瞭に観察される。一方手持ち耳鏡では，視野が暗く鼓膜周辺は死角となって十分に観察できない。また，図 1-45 同様，コーンの先には分泌物が付着している。コーンの挿入により分泌物を逆行させ，耳炎は悪化する。すなわち観察そのものが耳炎の治癒を遅らせる可能性がある。

図 1-47 は猫の耳を手持ち耳鏡で観察しているところである。猫は不快感をあらわにしている。手持ち耳鏡は，無麻酔で行えるが精査はできない。ビデオオトスコープと手持ち耳鏡の視野の違いを図 1-48 に示した。ビデオオトスコープでは，患部を 10 数倍に拡大して観察できる。

第2章
ビデオオトスコープ療法の基本

1．ビデオオトスコープ療法とは

　ビデオオトスコープ療法とは，耳道内にビデオオトスコープ（テレパックX，カールストルツ・エンドスコピー・ジャパン株式会社）を挿入し，鉗子チャンネルから3Frまたは5Frの把持鉗子を用いて耳道内の分泌物を除去し，さらに5mLの注射筒[*1]に3Frおよび4Frの栄養カテーテル（アトムメディカル株式会社，東京）を装着して洗浄液を投入して繰り返し洗浄する方法である。洗浄液はポリオキシエチレンオクチルフェニルエーテル0.5％他耳用洗浄液（ノルバサンオチック，株式会社キリカン洋行，東京）を用いることが多いが，病態に合わせて選択する。

　ビデオオトスコープ療法で耳道内を清浄化したら，点耳薬を複数回滴下し，その都度回収する。点耳薬の前に生理的食塩水や注射用蒸留水で洗浄することもある。

1）準備するもの（図2-1）

①ビデオオトスコープ一式：硬性鏡，カメラシステム，光源ケーブル，把持鉗子（3Fr・5Fr），カット綿，アルコール綿。
②洗浄：注射筒（5mL），アトム栄養カテーテル（3Fr・4Fr），外科用直鋏（よく切れるもの），ピンセット，洗浄液，生理的食塩水，注射用蒸留水など。
③検査：細胞診（スライドグラス，注射針，クイック染色液），細菌培養用シードスワブ（外注）。
④薬剤：局所用点耳薬，全身投与用の抗菌剤や抗真菌剤など。

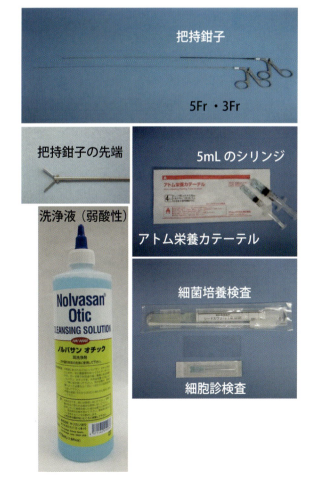

図2-1　ビデオオトスコープ療法の用具
より刺激を少なくする。

[*1] 注射筒は自分の手の大きさにあわせて使いやすいものを使用する。体重1kgの猫から体重40kgくらいの犬まで5mLのシリンジを使用している。洗浄液の量は，犬の耳道の容積により増減する。通常は2～3mL，猫では1.2mL～1.6mLくらい。

2）方　法

①犬に全身麻酔をかけ横臥させる。事前に血液検査や尿検査などを行い，全身状態を把握する。麻酔の安全性を確保するために点滴等を行う。2人1組で犬を挟んで立つ。犬の腹側に硬性鏡（カメラと光源）をもつ人が立ち，背側には把持鉗子や栄養カテーテルをもつ人が立つ（図2-2）。

②犬の耳道入口は毛を刈り清潔にする。

③硬性鏡の挿入口から把持鉗子を挿入し耳道内の分泌物を摘出する。分泌物を細胞診と細菌培養検査に供する。細胞診は耳道入口付近と鼓膜周辺の2か所から採取する。左右の耳から合計4か所採取してクイック染色する。

④あらかじめ5mLの注射筒に洗浄液を2mLを満たしたものを多数（洗浄に必要な本数）準備しておく。

⑤栄養カテーテル[*2]に④の注射筒を装着して，鉗子の挿入口から耳道内に挿入して丁寧かつ穏やかに洗浄する。この時，圧力をかけずに丁寧にやさしく洗浄する。鼓膜や鼓膜周辺部に固着した分泌物は，慎重に把持鉗子で摘出する。または栄養カテーテルの先端を使って対流を起こして除去する。水圧を強くかけると鼓膜を損傷する可能性があるので要注意。

⑥耳道と鼓膜を清浄化し，鼓膜緊張部と線維軟骨の接合部（V字[*3]）の汚れも除去する。

⑦栄養カテーテルの先端は，よく切れる外科用直鋏を用いて複数回カットし清潔な状態で使用する[*2]。切り口が鼓膜や耳道を傷つけないように細心の注意をする。

[*2] カテーテルの切り口が粗造だと，組織を傷つけるおそれがある。

[*3] 筆者による呼称。「本書を読むにあたって」ix頁参照。

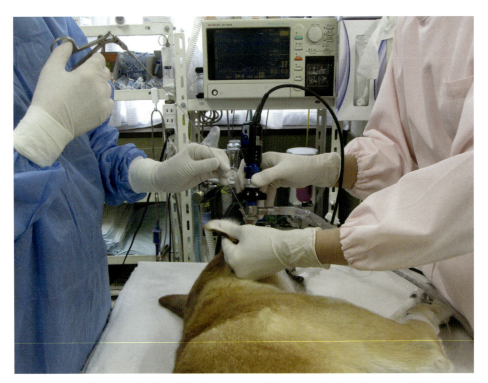

図2-2　犬を挟んで，腹側に硬性鏡をもつ人（ピンク色白衣）が立ち，背側に把持鉗子や栄養カテーテルをもつ人（青色ガウン）が立つ。手袋のパウダーによるアレルギーを考慮し，手袋はパウダーフリーとする。手袋の表面を水洗いしてから犬に触れる。写真は処置後にドレープをはずして撮影。

⑧鼓膜周辺の洗浄は，とくにやさしく穏やかに行う[*4]。
⑨清浄化後，洗浄液は栄養カテーテルを用いて可能な限り回収する。とくに耳道および鼓膜周辺部，鼓膜外側面凹部[*5]には洗浄液が残留するので，複数回吸引する。
⑩耳道内の汚れが少なく鼓膜が脆弱な場合は，鼓膜周辺部を生理的食塩水や注射用蒸留水で複数回洗浄すると洗浄液の影響を少なくできる。
⑪細胞診の結果から，おおよそ推察される薬剤（抗菌剤など）を滴下またはカテーテルで投入し回収する。薬剤の投与と回収は複数回ずつ行う。鼓膜周辺部には薬剤が残留しないようにする。とくに耳道から鼓膜に落下する液体をくまなく回収する。
⑫細胞診の結果を踏まえて全身投与の薬剤（抗菌剤や抗真菌剤など）を決定する。
⑬細菌培養検査結果により薬剤を再検討する。

3）留意点

ビデオオトスコープ療法を成功させるための留意点は，①熟練，②治療間隔，③洗浄液の選択，④薬剤の選択，⑤家庭での過ごし方に集約される。
①熟練は，毎日実施することで達成できる。耳道内の毛，とくに鼓膜外側面凹部の毛やV字に入り込んだ毛を丁寧に除去する。これらの毛に絡みついた耳垢と分泌物を除去する。さらに鼓膜や耳道に固着した耳垢や分泌物も除去する。洗浄液や生理的食塩水や注射用蒸留水や薬剤をできる限り回収する。
②治療の間隔は分泌物の産生状況により決定する。重症例や夏季であれば短期間に実施する。例えば，鼓膜が消失し（中耳炎）緑膿菌に感染して潰瘍化して分泌が亢進している場合は，毎日行うこともある。鼓膜損傷はあるが鼓膜修復が期待できる場合は，3〜5日後に再治療を実施する。すなわち膿が溜まらないうちに再治療を実施する。分泌物が少なくなったら間隔をあける。期間が不適切であると治療効果は期待できない。治療期間の設定は慣れるまでは難しい。
③洗浄液の選択は最も難しい。病態を見て経験的に判断する。洗浄液の刺激で鼓膜周辺が腫れてしまい，十分に洗浄できなくなってしまうことがある。また，洗浄液にアレルギーを示す個体もいるので注意が必要である。
④薬剤の選択は比較的容易である。

細胞診では，球菌，桿菌，マラセチア等を重点的に観察する。耳道入口と鼓膜周辺部とでは稀に菌が異なることもあるが，多くの場合は同じ菌である。ただし耳道内に腫瘤がある場合は，腫瘤の前後で菌が異なる場合が多い（これまで通常の洗浄をしていた場合は，腫瘤の後方に厄介な菌が存在していることが多い）。また，初診時と複数回の治療後では菌が異なることが多いので，治療ごとに細胞診を実施する。菌の大きさや外観から概ねの菌を想定して薬剤を決定する。

細菌培養検査の結果から当初選択していた薬剤が有効かどうかを再評価する。細菌培養検査は，初診時のほか複数回実施し，薬剤が適切であるかどうか検討する。とくに閉塞した耳道が改善し鼓膜が見えてきた時には，必ず細菌培養を行う。耳炎の初期に活動していた菌が検出されることが多いからである。同様に，回復時にV字からは，思いもかけない菌が残っていて，ここぞとばかりに出現してくるので要注意である。すなわち，菌も生き残りをかけて必死に戦いを挑んでくる。
⑤盲点は家庭での過ごし方である。

一見熱心そうな飼い主が，案外ズボラだったりする。長い間「膿ダラダラ」に慣れてしまっているので，ビデオオトスコープ療法後，膿の減少に喜び，勝手に投薬を休んでしまったり，さっそうと散歩に出かけてしまうことがある。油断大敵。散歩は耳炎治癒の敵である。散歩に

[*4] 耳を頻回に掻いている場合は，鼓膜が脆弱なため，少しの刺激で損傷する場合があるので，可能な限りやさしく洗う。

[*5] 筆者による呼称。「本書を読むにあたって」vii頁参照。

よる体温上昇は，鼓膜や耳道の温度上昇，すなわち細菌やマラセチアの増殖を助長してしまう。耳道入口が清潔でも治癒していないことを明言する必要がある。

　鼓膜損傷があるが鼓膜修復が期待できる場合は，外出は厳禁である。安静にして興奮を避け，固いものを咬まないなど，鼓膜周辺に余分な刺激を与えないことが肝要である。

①から⑤を厳守することでビデオオトスコープ療法の効果が期待できる。

鼓膜がある場合の注意点
- 投薬は正確に行うこと
- 通常洗浄の中止
- 頭部を触らない
- 散歩の中止
- シャンプーは許可するまで中止（シャンプーは，ビデオオトスコープ療法の前日に行う）

鼓膜損傷があり鼓膜修復を期待できる場合は，さらに以下を追加
- 安静にする
- 興奮することを避ける
- 固いものを咬んだり大声で吠えたりしない
- その他

2．硬性鏡の角度とそのとき見える画像

1）犬（左耳）

左手で犬の耳をつかんだり軽く引いたりして視野を調整する。

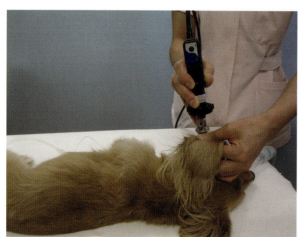

図2-3　正面

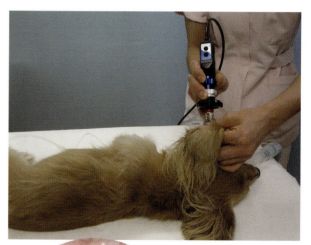

図2-4　上側（12時）

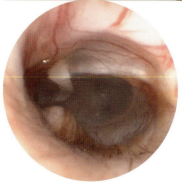

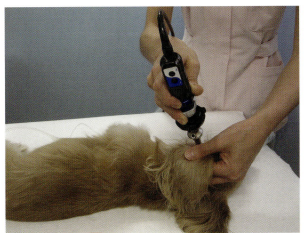

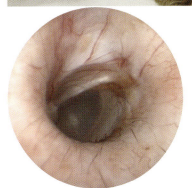

図2-5　下側（6時）

図2-6　尾側（左耳3時）

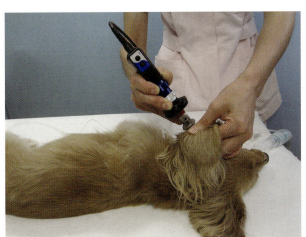

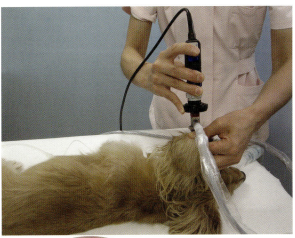

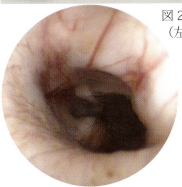

図2-7　吻側・ツチ骨柄（左耳9時）

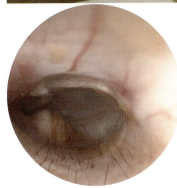

図2-8　光源を180度反転して鼓膜外側面凹部を観察

2) 猫（右耳）

猫の耳道は短く，鼓膜は繊細で損傷しやすい。

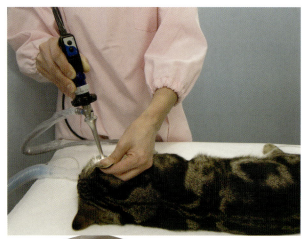

図 2-9　耳道入口

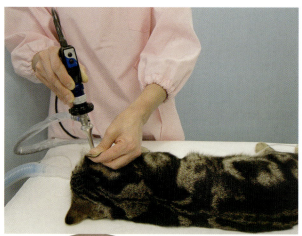

図 2-10　耳道に少し挿入

垂直耳道

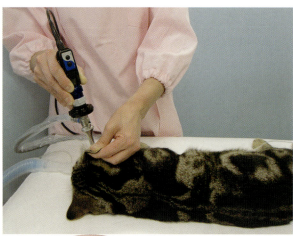

図 2-11　図 2-10 よりやや深く挿入

水平耳道

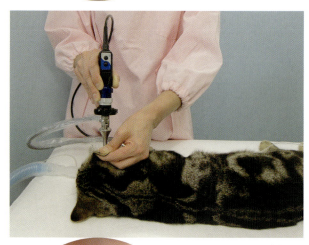

図 2-12　やや吻側に向ける

鼓膜

第3章
耳炎の原因と対処法

1．原因と対処法

　外耳炎の治療が速やかに行われずに慢性化すると，中耳炎や内耳炎に移行する。つまり早期に外耳炎を治療すれば耳炎を撲滅させることができる。ここでは，外耳炎の原因と対処法について述べる。

　外耳炎の原因は，多因子性で，素因，原発要因，永続化因子が複雑に絡まり合っている（表3-1）。そのため，原因のひとつ一つを吟味し精査して，除去できるものか取り除いていく必要がある。具体的な対処法を以下に記す。

表3-1　外耳炎の原因

素因	解剖学的特性	狭い耳道（チワワ，ポメラニアン，シャー・ペイなど）
		短頭種（ボストン・テリア，フレンチ・ブルドッグ，パグなど）
		耳道内の被毛（プードル，シー・ズー，キャバリア・キング・チャールズ・スパニエルなど）
		垂れ耳，閉塞（ポリープ，腫瘍など）
	過剰な湿気	高温多湿，シャンプー，閉塞，エリザベスカラーの装着など
	不適切な治療	機械的外傷，刺激物質，不適切な洗浄
	全身性疾患	発熱，免疫抑制，衰弱
原発要因	鼓膜外側面凹部*の毛	鼓膜外側面凹部に存在する毛に耳垢と分泌物が固着
	寄生虫	ミミヒゼンダニ，ニキビダニ（毛包虫），イヌセンコウヒゼンダニ
	異物	植物由来，被毛
	アレルギー	アトピー性皮膚炎，食物アレルギー，接触過敏症，薬物反応
	角化異常	原発性特発性脂漏症，甲状腺機能低下症，性ホルモン不均衡
	自己免疫性疾患	落葉状天疱瘡，紅斑性天疱瘡，全身性エリテマトーデス
	耳垢腺	
	腫瘍，ポリープ	皮脂腺由来，耳垢腺由来，鼻咽頭，その他皮膚腫瘍と同様
	ウイルス性疾患	犬ジステンパーウイルス，猫白血病ウイルス（FeLV），猫免疫不全ウイルス（FIV）
永続化因子	細菌	*Staphylococcus pseudintermedius*, *Proteus* spp., *Pseudomonas* spp., *Escherichia coli*, *Klebsiella* spp., *Corynebacterium* spp.
	真菌	*Malassezia* spp. が多い。その他 *Candida* spp., *Aspergillus* spp., *Microsporum* spp., *Trichophyton* spp., *Microsporum* spp., *Sporothrix schenkii*
	進行性病理学的変化	内腔の進行性狭窄，汗腺炎
	中耳炎	

臼井玲子（2010）：外耳道異常，徴候からみる鑑別診断（長谷川篤彦 監修），学窓社，を元に作成。
*筆者による呼称。「本書を読むにあたって」vii 頁参照。

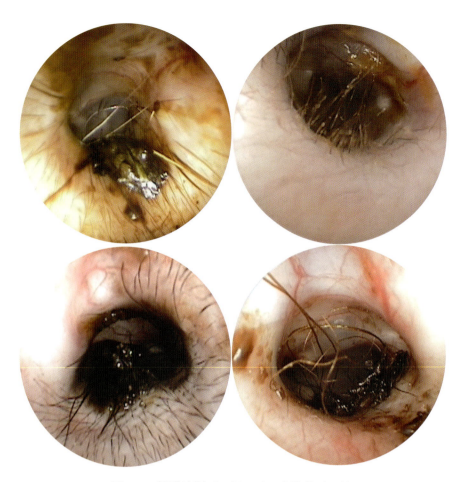

図3-1　鼓膜外側面凹部に毛と分泌物が固着

①鼓膜外側面凹部には毛が生えていて，毛と耳垢と分泌物などが固着している場合がある。これを除去し清浄化することで耳炎は早期に治癒する（図3-1）。残念ながら，手持ち耳鏡では，鼓膜外側面凹部を精査することができにくい。

②普及しているアレルギー専用食（z/d ULTRA，アミノペプチドフォーミュラなど）に変更する。食物アレルギーが原因である場合は，その改善に少なくとも8～12週間もの長い期間を必要とするので，できるだけ早期に食事の変更を指示する。また，たとえ食物アレルギーが主原因ではなくても，当初から食事を改善しても不都合はない。むしろ食物アレルギーを見逃すと治療が上手くいかない。

③定期的にシャンプーやトリミングを行う場合は，シャンプー後に，ビデオオトスコープを用いて，鼓膜周辺を精査する。シャンプー時には体温が上昇する。鼓膜周辺とくに鼓膜外側面凹

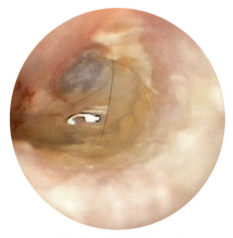

図3-2　シャンプー後，鼓膜外側面凹部に水分が貯留

部に分泌物が固着している場合やシャンプー時に水分が入ってしまった場合などは，鼓膜周辺が炎症の温床となりやすい（図3-2）。

④耳周辺の毛をカットする場合は，カットした毛が鼓膜周辺に落下する場合があり，炎症の火種となりやすい。カット後にビデオオトスコープ

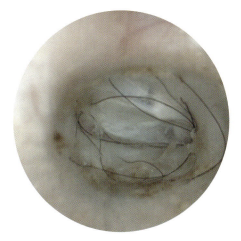

図3-3　カット時に鼓膜に切れた毛が付着

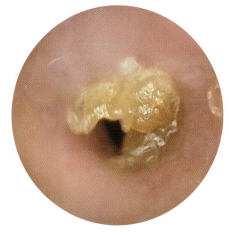

図3-5　採取した後，分泌物を押し込んでいる

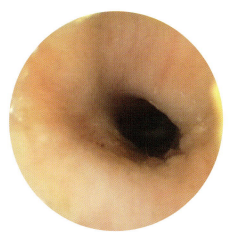

図3-4　分泌物を綿棒で採取する前

図3-6　イヤーパウダーが鼓膜周辺に付着

で精査し，落下した毛は除去する必要がある（図3-3）。

⑤細菌培養検査時に，採材の綿棒を耳道内に挿入する。その時に耳道入口の分泌物を耳道の奥に押し込んでしまい，炎症を複雑化させてしまうことがある。細菌培養検査後は，できるだけ速やかにビデオオトスコープによる処置が必要である（図3-4，3-5）。

⑥通常の手入れ時に，耳道入口の分泌物を綿棒やティッシュペーパーやタオル等で除去することがある。その場合，心ならずも分泌物を耳道の奥へ押し込んでしまうことがあり，炎症を広げてしまうことがある。

⑦トイ・プードルやシー・ズーなどの耳道内の毛を除去する目的で，耳道内にイヤーパウダーを散布する場合がある（Movie 3-1）。耳炎のため脆弱になっている鼓膜は，さらに悪化する場合がある（図3-6）。

⑧日本は高温多湿である。鼓膜外側面凹部の耳垢と分泌物は，体温によって活性化する。暑い時期の散歩は，保冷剤を鼓膜周辺にあて耳を冷やすとよい。

⑨植物の種（ノギなど）が耳道に落下した場合は，激しい痒みを引き起こす。異物を除去した後，さらに小さな異物の破片が耳道や鼓膜周辺にあるので，それらをくまなく除去する。鼓膜周辺を丁寧に清浄化することが必要である（図3-7〜3-9）。

⑩耳道内に腫瘤があると慢性化しやすい（図3-10）。慢性炎症があるから腫瘤ができるのか，

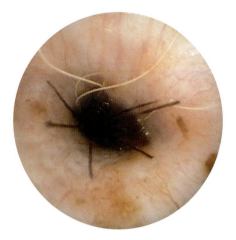

図 3-7　耳道にノギが付着

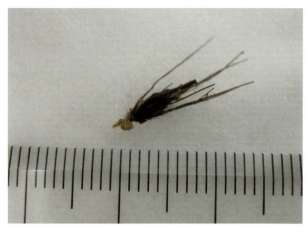

図 3-9　摘出したノギ

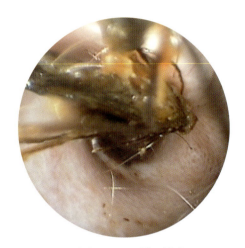

図 3-8　ノギの摘出

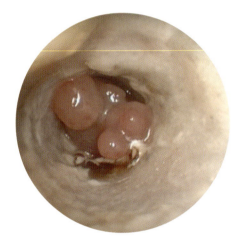

図 3-10　耳道内の腫瘤（炎症性ポリープ, 猫）

腫瘤があるから慢性化するのかどちらが先なのかは不明である。腫瘤の前後（入口に近い方と，鼓膜に近い方）では，菌の種類が異なる場合が多い。

ビデオオトスコープの鉗子チャンネルから半導体レーザー（飛鳥メディカル株式会社，型式：DVL20）を挿入して腫瘤を除去し病理組織学検査を実施する。病理組織学検査の結果，耳道内の腫瘤の多くは，肉芽組織，耳垢腺腺腫などの良性が多く，適切に摘出してしまえば問題は少ない。万一悪性の場合は，全耳道切除術を視野に治療を行う。悪性のものは扁平上皮癌，血管肉腫，耳垢腺腺癌などである（表 3-2）。

表 3-2　腫瘍

外耳の非腫瘍性病変と良性病変
犬のらい様肉芽腫
感染性皮膚肉芽腫性疾患
- リーシュマニア
- スポロトリックス症
- クリプトコッカス
- 日和見的真菌感染

慢性増殖性外耳炎
耳介周囲膿瘍
付属器過形成
- 耳垢腺過形成
- 皮脂腺過形成

非感染性皮膚肉芽腫性疾患
- 異物
- 無菌性肉芽腫/化膿性肉芽腫症候群
- 皮膚黄色腫
- 犬の類肉腫（サルコイド）
- 好酸球性肉芽腫症候群
- ランゲルハンス細胞組織球症

毛包嚢腫
アポクリン嚢腫
猫の耳垢腺嚢腫
増殖性壊死性耳炎（猫）
耳介軟骨炎
耳血腫
皮膚リンパ球増多症
イングリッシュ・スプリンガー・スパニエルの苔癬様乾癬状皮膚症
特発性良性苔癬様角化症
光線角化症
血管腫
犬の皮膚組織球腫
形質細胞腫
パピローマ・乳頭腫（イボ・疣贅）
猫の牛痘

外耳の非腫瘍性病変と良性病変（つづき）
付属器の腺腫
- 耳垢腺腺腫
- 皮脂腺腺腫
- アポクリン嚢胞腺腫

黒色腫
基底細胞腫
横紋筋腫
肥満細胞腫

外耳の悪性腫瘍
扁平上皮癌
血管肉腫
付属器の癌
- 耳垢腺腺癌
- 皮脂腺上皮腫
- 皮脂腺癌

未分化癌
猫の類肉腫（サルコイド）・線維乳頭腫
黒色腫
線維肉腫
リンパ腫
顆粒細胞腫

中耳と内耳の非腫瘍性病変と良性腫瘍性病変
耳の真珠腫（耳の角化性嚢腫）
コレステロール肉芽腫
炎症性鼻咽頭ポリープ
頭蓋下顎骨症
乳頭状腺腫

中耳と内耳の悪性腫瘍
扁平上皮癌
未分化癌
線維肉腫
リンパ腫

臼井玲子，武部正美 監訳（2013）：犬と猫の耳科学（サンダース ベテリナリークリニクスシリーズ Vol.8-2），インターズー，より引用。

2．上皮移動，鼓膜外側面凹部，V字

1）上皮移動

　鼓膜の通常の汚れは放射状に周囲に移動し，さらに耳道の奥から耳道の入口に向かって移動する。これを上皮移動という。健康な鼓膜，健康な耳道であれば，上皮移動（→）によって耳の奥の汚れは耳の入口に運ばれる。正常であれば自浄作用が働き清潔である（図3-11）。

　鼓膜外側面凹部に細菌やマラセチアが増殖して毛と固着していると，健全な上皮移動は行われず，毛と汚れは，鼓膜外側面凹部に留まり炎症を惹起する。また，汚れの一部は上皮移動によって鼓膜外側面凹部から耳道入口までは運ばれる。すなわち鼓膜や鼓膜外側面凹部の汚れや炎症性物質（膿など）は，上皮移動により耳道全体へと波及する恐れがある。

2）鼓膜外側面凹部＊

　鼓膜の手前で耳道が窪んだ部分，鼓膜緊張部と耳道が接する周辺で腹側にある陥凹した部位。毛が生えていることが多い。毛に分泌物が固着し微生物の温床になりやすい。この部分を清浄化すると耳炎は治癒する。

3）V字＊＊

　鼓膜緊張部と耳道との接合部，軟骨輪と骨性耳道との間の楔上の間隙。外耳炎が長引くとこの溝が広がる場合があり，この部分に毛・毛に絡んだ表皮などが挟まることがある（図3-12，Movie 3-2）。挟まったものを取り除くと治癒が促進する。炎症がなければV字がない個体も多い。

　全耳道切除術時には，この部分を徹底的に取り除く必要があり合併症を減らすことができる。

＊筆者による呼称。「本書を読むにあたって」vii頁参照。
＊＊筆者による呼称。「本書を読むにあたって」ix頁参照。

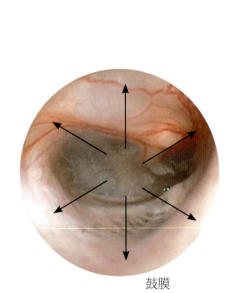

鼓膜

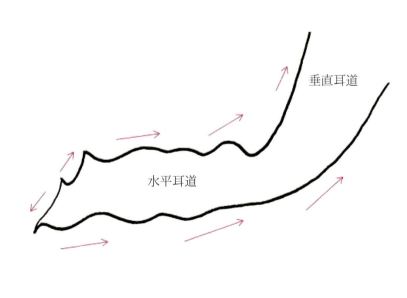

図3-11　上皮移動
エスカレータに乗ったように移動する。

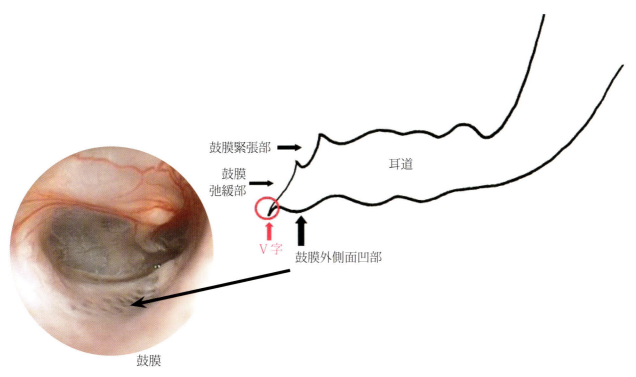

図 3-12　鼓膜外側面凹部とV字

3．鼓膜外側面凹部の毛のタイプ

　鼓膜外側面凹部には毛が生えており（図3-13），毛の形状によりカールタイプ，直立タイプ，横に流れるタイプの3種に分かれている（図3-14）。猫の鼓膜周辺6時付近にも毛が生えていて（Movie 3-3），犬と同様に3種類に分かれている（図3-15）。

　また，鼓膜周辺には，耳介周辺から落下した毛も多数観察される（図3-16）。犬も猫も毛で覆われている生き物なので，耳炎を治療するうえで，鼓膜周辺の毛を無視することはできない。いってみれば，鼓膜周辺は常に毛の脅威に曝されている。

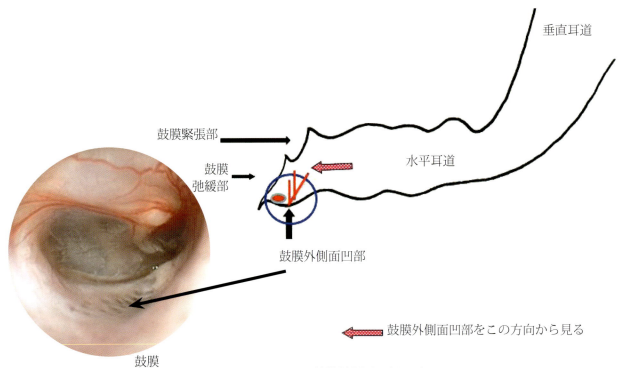

図 3-13　鼓膜外側面凹部の毛

Usui,R. et al.(2011)：Treatment of canine otitis externa using video otoscopy, *J.Vet.Med.Sci.*73(9):1249-1252 より

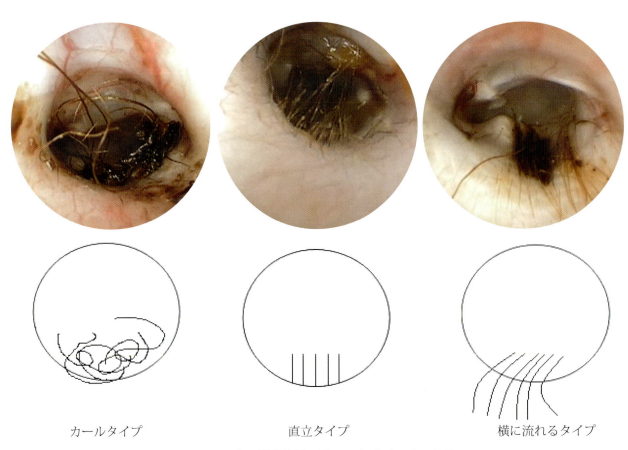

図 3-14　犬の鼓膜外側凹部の 3 タイプの毛の形状

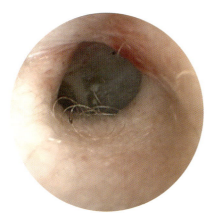 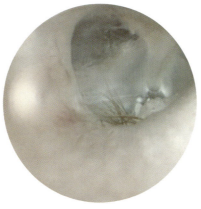 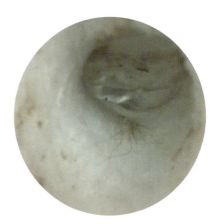

カールタイプ　　　　　　　直立タイプ　　　　　　横に流れるタイプ

図3-15　猫の鼓膜外側凹部の3タイプの毛の形状

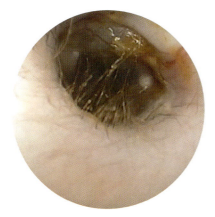  

生えている　　　　　　　　落下　　　　　　　　　　混合型

図3-16　鼓膜外側凹部付近の毛（犬）

4．従来の治療との差，犬種の差

　治療に関しては，次章で詳述するが，その導入として，ここではビデオオトスコープを用いた治療と従来の治療後を画像で示す（図3-17）。また犬種により差がみられ，その画像を示す（図3-18）。

 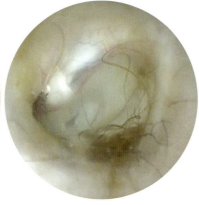

図3-17　ビデオオトスコープを用いた治療（左）：鼓膜と鼓膜外側面凹部がきれいになっている。
従来の治療（右）：鼓膜外側面凹部に毛・微生物・分泌物が絡んでいる（洗浄液を入れてビデオオトスコープ下で撮影）。

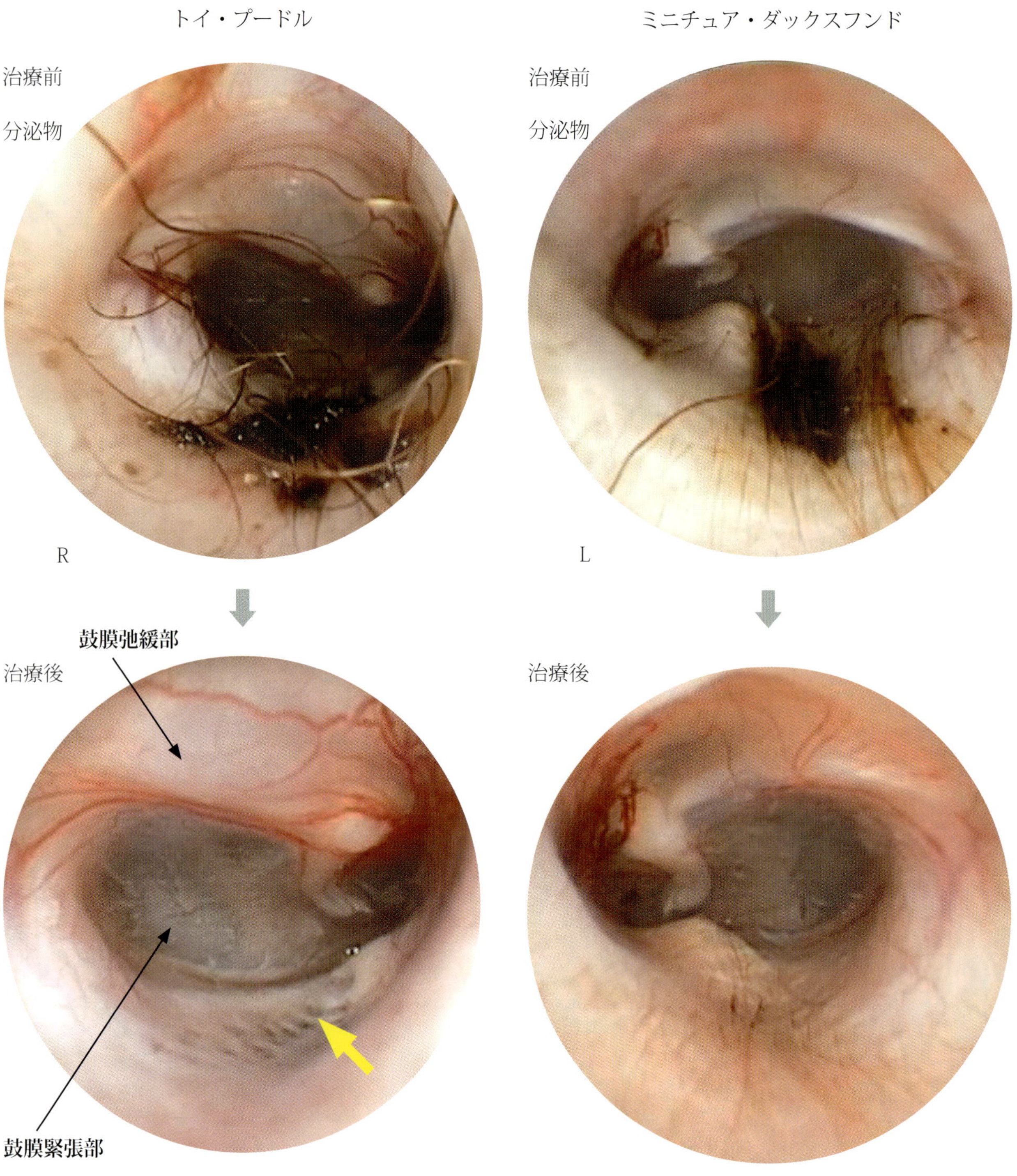

トイ・プードル　　　　　　　　　　　　　ミニチュア・ダックスフンド

治療前　　　　　　　　　　　　　　　　　治療前
分泌物　　　　　　　　　　　　　　　　　分泌物

R　　　　　　　　　　　　　　　　　　　L

鼓膜弛緩部

治療後　　　　　　　　　　　　　　　　　治療後

鼓膜緊張部

図3-18　品種別鼓膜の治療前と治療後
　　治療後とは複数回のビデオオトスコープ療法後に清浄化した鼓膜を指す。

トイ・プードル
治療前：鼓膜外側面凹部にはカールした毛（カールタイプの毛）と分泌物が固着し微生物の温床になっている。鼓膜の表面にもカールした毛が多数付着している。
治療後：鼓膜弛緩部には血管が明瞭に観察される。鼓膜緊張部は光沢があり透明。鼓膜外側面凹部には耳垢腺（耳垢腺の開口部，黄色矢印）が観察される。

ミニチュア・ダックスフンド
治療前：鼓膜外側面凹部には流れる毛が横たわり（流れるタイプの毛，分泌物が固着して微生物の温床になっている。
治療後：清浄化した鼓膜と鼓膜外側面凹部。サイド*付近の血管が明瞭。骨性隆起がある。

＊筆者による呼称。「本書を読むにあたって」vii頁参照。

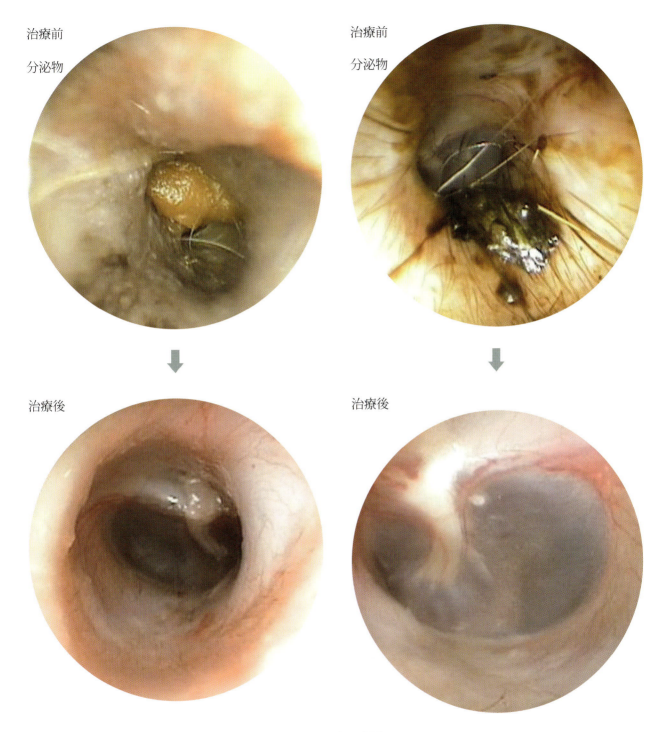

図3-18（つづき）

柴犬
治療前：耳道内に詰まった分泌物と毛。耳道は狭窄し鼓膜は見えない。
治療後：耳道は開き鼓膜が確認できる。ツチ骨柄も明瞭である。

ゴールデン・レトリーバー
治療前：鼓膜外側面凹部には流れるタイプの毛が横たわり，分泌物と微生物が固着している。
治療後：耳道は大きく開き鼓膜が確認できる。鼓膜緊張部は透明で光沢がある。

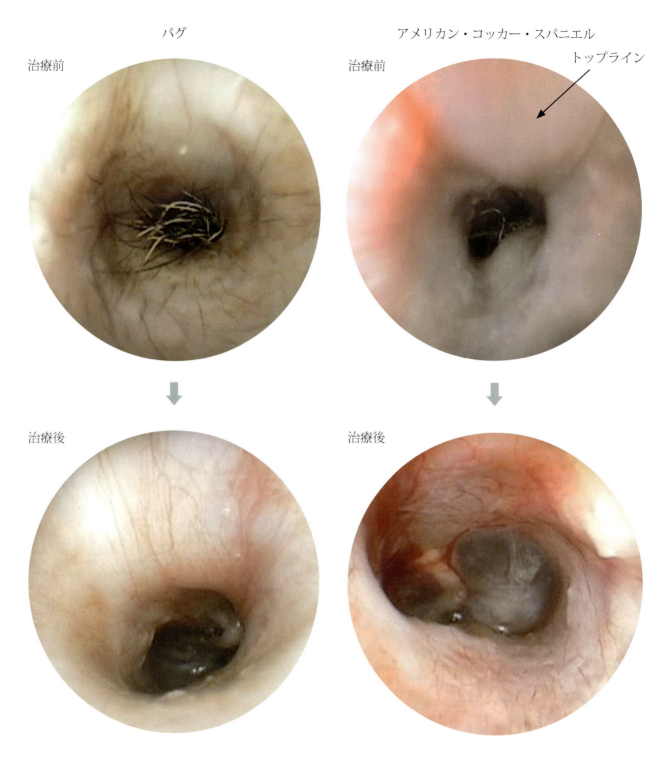

図3-18（つづき）

パグ
治療前：鼓膜に突き刺さるように毛が詰まっている。
治療後：短頭種のため鼓膜弛緩部は小さい。鼓膜緊張部の透明度はやや不鮮明である。

アメリカン・コッカー・スパニエル
治療前：炎症のため鼓膜周辺の耳道が腫れて鼓膜は小さい。トップライン*も腫れている。鼓膜外側面凹部には毛がある。
治療後：鼓膜周辺の耳道の腫れが改善し正常な鼓膜が観察できる。鼓膜弛緩部の血管走行が明瞭で，鼓膜緊張部も透明になりつつある。鼓膜緊張部の下半分はやや不透明である。

*筆者による呼称。「本書を読むにあたって」x頁参照。

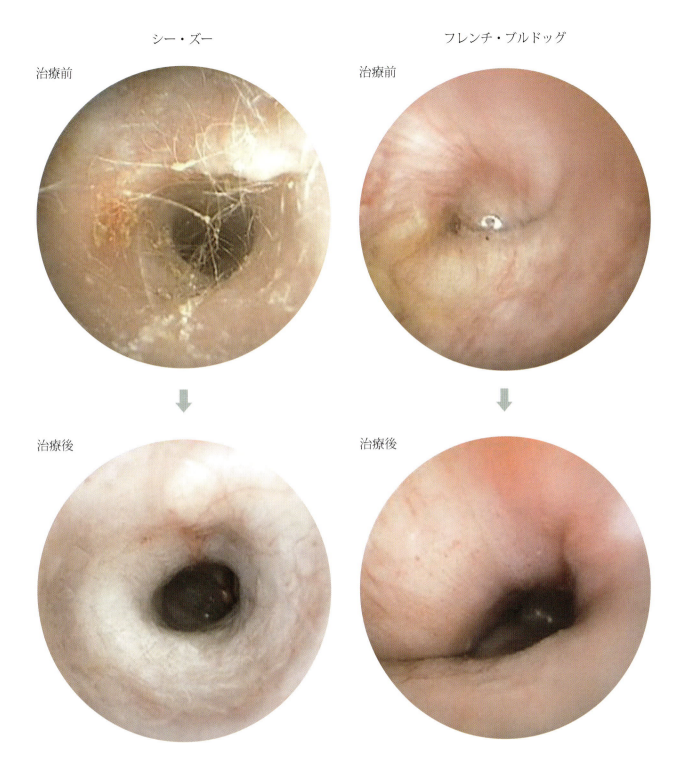

図 3-18（つづき）

シー・ズー
治療前：耳道内に充満した毛とイヤーパウダー。
治療後：鼓膜弛緩部は小さく観察しにくい。緊張部はやや良好。ツチ骨柄は炎症のため発赤している。

フレンチ・ブルドッグ
治療前：炎症により閉塞した耳道。鼓膜は確認できない。
治療後：耳道の腫れがやや改善しかろうじて鼓膜が観察できる。トップラインは腫れている。

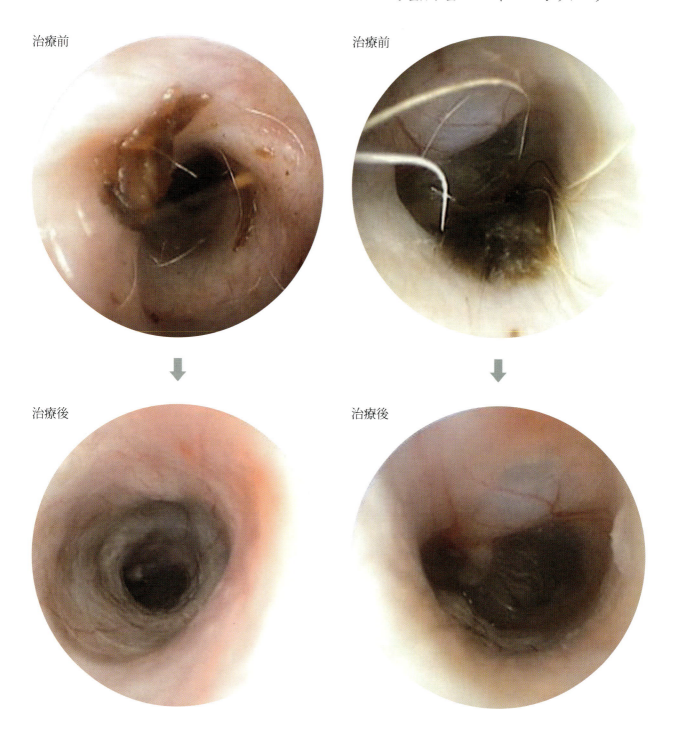

図3-18（つづき）

マルチーズ
治療前：耳道内の分泌物と毛。炎症のため耳道が腫れている。鼓膜は確認できない。
治療後：耳道の腫れが改善し辛うじて鼓膜が観察できる。鼓膜の左角にツチ骨柄が見える。

ウェルシュ・コーギー・ペンブローグ
治療前：鼓膜外側面凹部に貯留した分泌物と毛。鼓膜弛緩部が腫れ，鼓膜緊張部も不透明である。
治療後：洗浄の刺激で鼓膜弛緩部はやや腫大した。ツチ骨柄が明瞭である。

第4章
外耳炎の治療

Dog
1. ミニチュア・ダックスフンド

耳 道

ミニチュア・ダックスフンドは鼻梁が長いので耳道も長い。垂直耳道から水平耳道への移行には，背側からの雛壁（サンカク*，図 4-1-1-b）が明瞭である。耳道内は広く空間があり，トイ・プードル同様，炎症のために耳道閉塞を起こすことは少ない。耳道内は，毛が少なく滑らかで肌理が

---
*筆者による呼称。「本書を読むにあたって」ix 頁参照。

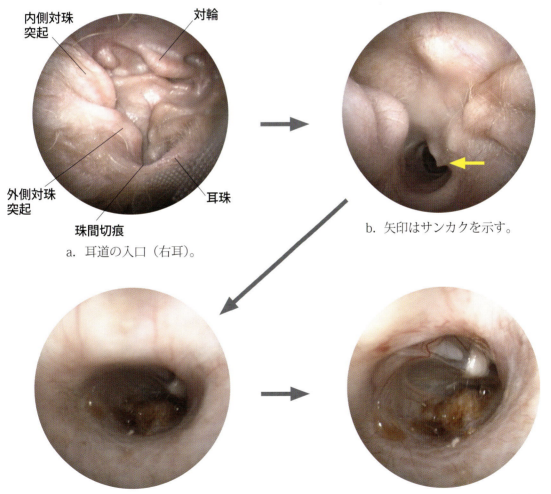

a. 耳道の入口（右耳）。
b. 矢印はサンカクを示す。
c. 鼓膜外側面凹部に分泌物が固着。
d. 鼓膜（弛緩部・緊張部）と骨性隆起。

図 4-1-1 ビデオオトスコープを珠間切痕に挿入し，耳道入口から鼓膜に向かった時に順次見えてくる画像。

細かく洗浄液の投入と排液は比較的スムーズである。しかし，一般的な洗浄法を実施すると，鼓膜外側面凹部*に洗浄液が残留し，毛と分泌物と洗浄液とが混和し微生物の温床となる。

鼓膜

鼓膜は耳道に対して平均的な45度である。ツチ骨柄は明瞭である。ツチ骨柄の先端は太く，骨性隆起に隣接している。炎症が起き鼓膜周辺の耳道が腫脹すると，ライン**が狭まり，その間に分泌物がたまり摘出しにくくなる。この部分にたまった分泌物はビデオオトスコープ療法でも摘出しにくく，鼓膜の浄化を妨げ，外耳炎の治癒を遅らせる。複数回のビデオオトスコープ療法により，耳炎が改善し鼓膜周辺の耳道の腫脹がひくと，ラインが広がって本来の間隔となり（図4-1-2），治癒はさらに促進する。

毛のタイプ

直立タイプまたは流れるタイプが多い。直立タイプは耳道内に耳垢塊を作ることが多い（症例2，3）。カールタイプには遭遇していない。

V字***

慢性炎症が続くとV字部分が形成され，分泌物や表皮が剥がれたものが蓄積して微生物の温床となる。ビデオオトスコープ療法により，それらを摘出すると炎症は治癒に向かう。V字が形成されると溝は埋まりにくいので慢性化させないことが大切である。頻回の治療により改善することもある。【Movie 4-1-1】

---

*筆者による呼称。「本書を読むにあたって」vii頁参照。
**筆者による呼称。「本書を読むにあたって」x頁参照。

***筆者による呼称。「本書を読むにあたって」ix頁参照。

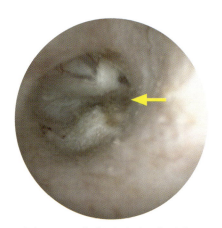

図4-1-2　矢印はラインを示す。

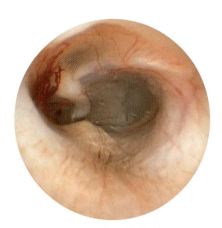

図4-1-3　正常な鼓膜（左耳）。

症例 1

去勢雄，6歳11か月，体重4.0kg。
毛のタイプ☞流れるタイプ（右耳）
これまでの治療と現状：とくに治療はしていなかった。開腹手術時（膀胱結石）のエリザベスカラー装着に際し，耳道の検査を実施したところ外耳炎が発覚した。飼い主の申告によると，最近になって，耳を振る，掻く，床や壁に擦りつける行動が観察されていた。しかし，気にとめていなかったとのことである。
初診時の細胞診：球菌（＋），マラセチア（＋＋）
細菌培養：飼い主の意向により実施せず。
アレルギー検査：飼い主の意向により実施せず。
薬剤：
　全身療法　セフポドキシムプロキセチル，ケトコナゾール。
　局所療法　ビデオオトスコープ療法時のみ動物用ウェルメイトL3の点耳。

治療・経過：初診時，耳介が脱毛していることから耳炎が示唆された。エリザベスカラー装着による耳炎の悪化を懸念しビデオオトスコープ療法を実施した。鼓膜外側面凹部には流れるタイプの毛が横たわり，黒茶色の分泌物が多数固着していた。把持鉗子を用いて毛と分泌物を摘出し，カテーテルを用いて洗浄し清浄化した（図4-1-4）。鼓膜弛緩部は血管が明瞭で，鼓膜緊張部も透明度があり良好であった。毛のタイプが流れるタイプであったことから，分泌物が耳道を占拠することなく脱毛した毛がその場に留まり，発病するまでゆっくり経過したことが推察された。鼓膜と耳道を清浄化したため，エリザベスカラーを装着しても耳炎が悪化することがなく，快適に過ごすことができた。耳炎回復後は，耳介の脱毛も改善した。エリザベスカラー装着時には耳鏡検査は必須である。

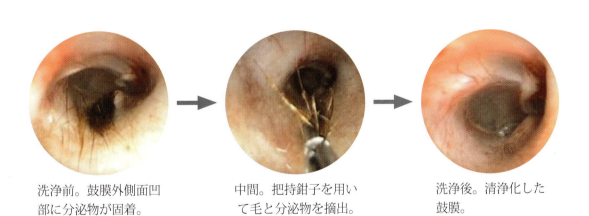

洗浄前。鼓膜外側面凹部に分泌物が固着。　　中間。把持鉗子を用いて毛と分泌物を摘出。　　洗浄後。清浄化した鼓膜。

図4-1-4　初診日

症例2

雄，5歳5か月，体重6.2kg。

毛のタイプ ☞直立タイプ（左耳）【Movie 4-1-2】

これまでの治療と現状：綿棒による治療が行われていた。治療を続けているが改善せず，頻繁に耳を痒がり擦りつけるため当院を受診した。

初診時の細胞診：桿菌（＋＋），マラセチア（＋）

細菌培養：陰性

アレルギー検査：飼い主の意向により実施せず。

薬剤：
　全身療法　セフポドキシムプロキセチル（膀胱炎を併発しており，尿の細菌培養検査結果により本剤を選択），ケトコナゾール。
　局所療法　ビデオオトスコープ療法時のみ動物用ウェルメイトL3の点耳。
　食事療法　z/d ULTRAに変更。

治療・経過：初診時，通常の治療を受けていたため耳道入口は清潔であった。しかし耳道内は，黒茶色の耳垢塊が占拠していた。耳垢塊は直立した毛に押し上げられるように存在し鼓膜外側面まで詰まっていた。把持鉗子を用いて慎重に耳垢塊を摘出した。耳垢塊には多数の毛が混入していた。耳垢塊を取り除くと，鼓膜外側面凹部には直立した毛が乱生し，その根元には粘稠性の茶褐色の分泌物が固着していた。鼓膜緊張部は比較的透明でありツチ骨柄も確認できた。把持鉗子を用いて分泌物と毛を除去した。毛は強く，除去するのに力を要した。鼓膜弛緩部にも分泌物が付着していた。分泌物と毛を除去した後にカテーテルを用いて洗浄した。トップラインが確認され，洗浄とともに鼓膜周辺の耳道も腫れた（図4-1-5）。2回目（7日後），初診時と同じ場所に少量の分泌物が付着していた。鼓膜外側面凹部を丁寧に洗浄した。鼓膜周辺の耳道の腫れはやや改善した（図4-1-6）。耳を床に擦り付ける行動は皆無になった。しかし経過が長かったため，定期的な処置が必要と思われる。

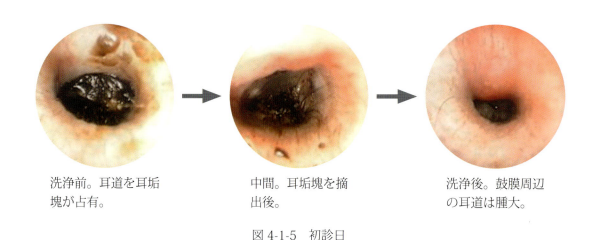

洗浄前。耳道を耳垢塊が占有。　　中間。耳垢塊を摘出後。　　洗浄後。鼓膜周辺の耳道は腫大。

図4-1-5　初診日

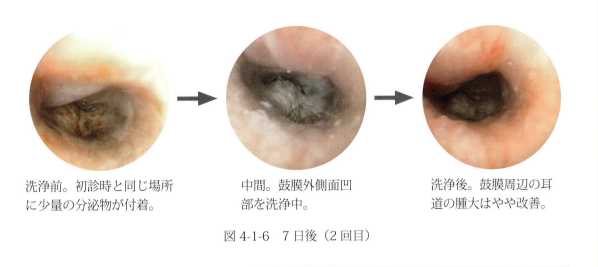

洗浄前。初診時と同じ場所に少量の分泌物が付着。

中間。鼓膜外側面凹部を洗浄中。

洗浄後。鼓膜周辺の耳道の腫大はやや改善。

図4-1-6　7日後（2回目）

症例3が重篤になると症例2のようになる。幼犬時に毛のタイプを把握し予防に努める。

症例 3

避妊雌，11か月，体重 2.68kg。
毛のタイプ☞直立タイプ（左耳）
これまでの治療と現状：通常の洗浄と綿棒による治療が行われていた。しかし，耳を振ったり掻いたりして床に耳を擦りつける行動が改善しないため当院を受診した。内服薬，局所薬は使われていたが，詳細は不明である。
初診時の細胞診：マラセチア（＋）
細菌培養：陰性
アレルギー検査：牛肉，大豆，トウモロコシ，羊肉，米，豚肉，鶏肉，七面鳥，ジャガイモに陽性を示した。
薬剤：
　全身療法　オルビフロキサシン，ケトコナゾール。
　局所療法　ビデオオトスコープ療法時のみ動物用ウェルメイト L3 の点耳。
　食事療法　z/d ULTRA に変更。
治療・経過：初診時，ビデオオトスコープで観察すると，鼓膜外側面凹部には耳垢塊があり，直立した毛が耳垢塊を押し上げていた。把持鉗子を用いて耳垢塊を取り除くと，12 時方向，すなわち鼓膜弛緩部にも分泌物が固着していた。この部位は（図 4-1-7 の矢印），鼓膜周辺の耳道が腫れているため手持ち耳鏡では死角となっていた。分泌物と直立した毛を除去した後，丁寧に洗浄し清浄化した。22 日後には鼓膜外側面凹部の毛は伸びて白い分泌物が毛に付

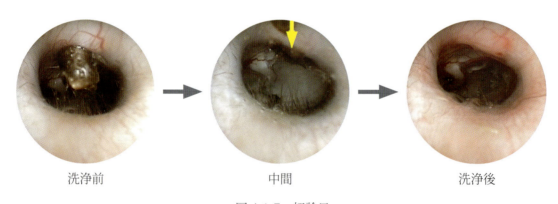

洗浄前　　　　　中間　　　　　洗浄後

図 4-1-7　初診日

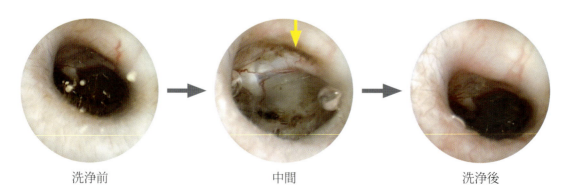

洗浄前　　　　　中間　　　　　洗浄後

図 4-1-8　22 日後（2 回目）

着していた。一部の毛の先端が鼓膜緊張部に触れ刺激し損傷していた。毛と鼓膜の間には分泌物が固着していた。前回と比べ耳道の腫れは緩和し，鼓膜弛緩部の分泌物は減少した。毛と分泌物を除去して清浄化した（図4-1-8）。ビデオオトスコープ療法を重ねるごとに分泌物は減少した。鼓膜外側面凹部の毛は，除去により少しずつ減少し，それにともない分泌物も減少した。定期的な鼓膜外側面凹部の毛の除去と洗浄により，炎症は鎮まり良い状態を維持している（図4-1-9，4-1-10）。初診が11か月という若い患犬にもかかわらず，鼓膜周辺の耳道はやや狭窄しており，治療により緩和したが，もう少し早い段階で鼓膜外側面凹部の毛を発見していれば，耳道と鼓膜の変形は少なくて済んだと考える。

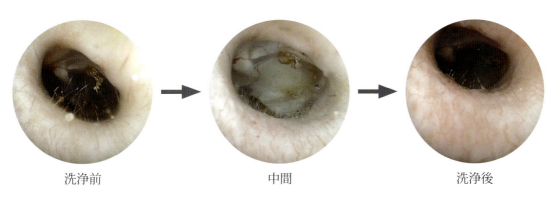

洗浄前　　　　中間　　　　洗浄後

図4-1-9　557日後（8回目）

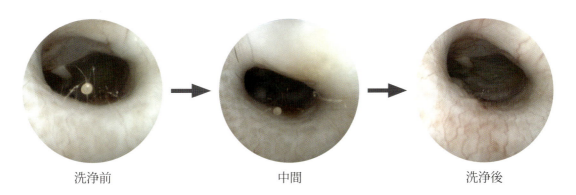

洗浄前　　　　中間　　　　洗浄後

図4-1-10　1033日後（16回目）

> 直立タイプは耳垢塊をつくりやすい。
> 耳垢塊を摘出後に清浄化すると耳道の腫れは徐々に改善する。定期的な毛の切除と鼓膜外側面凹部の清浄化が必要。

症例4

避妊雌，7か月，体重 4.4kg。

毛のタイプ☞直立タイプ（右耳）

これまでの治療と現状：耳を振る，掻く行動が観察されていた。

初診時の細胞診：球菌（＋），マラセチア（＋）

細菌培養：

　検出菌：*Staphylococcus intermedius*
　　　　　（*Stap. pseudintermedius*）

　有効：AMK，FOM

　無効：PIPC，CPDX，GM，TOB，CP，OFLX，LFLX，CPFX，ST

アレルギー検査：豚肉，卵白，卵黄，牛乳，大豆，トウモロコシ，羊肉，七面鳥，サケ，タラ，シシャモ，ジャガイモに陽性を示した。

薬剤：

　全身療法　ホスホマイシン，イトラコナゾール。

　局所療法　ビデオオトスコープ療法時のみ動物用ウェルメイト L3 の点耳。

　食事療法　z/d ULTRA とアミノペプチドフォーミュラに変更。

耳垢腺：発達

治療・経過：初診時，手持ち耳鏡で観察すると鼓膜の下方が光って見えた。そこでビデオオトスコープ療法を実施した。鼓膜外側面凹部には茶褐色の分泌物が固着していた。鼓膜緊張部には茶色の分泌物が付着し鼓膜弛緩部には薄っすらと黄色の分泌物が認められた。分泌物を除去し洗浄して清浄化した。鼓膜外側面凹部には多数の耳垢腺があった。洗浄後，鼓膜弛緩部と鼓膜緊張部の一部は発赤した（図 4-1-11）。182日後（2回目）にも鼓膜外側面凹部には分泌物

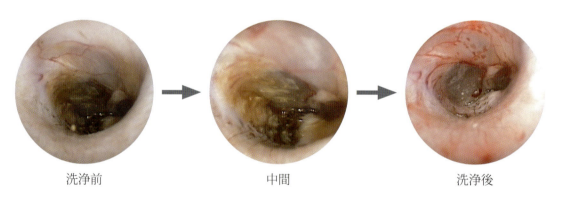

洗浄前　　　　中間　　　　洗浄後

図 4-1-11　初診日

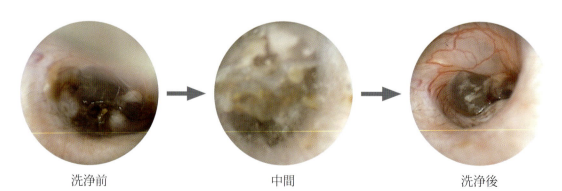

洗浄前　　　　中間　　　　洗浄後

図 4-1-12　182日後（2回目）

が固着していた。洗浄すると分泌物が鼓膜緊張部に張り付いた。鼓膜弛緩部の発赤は改善したが鼓膜緊張部の一部の発赤は続いていた（図4-1-12）。203日後（3回目）には鼓膜緊張部の発赤は消失した（図4-1-13）。回を重ねるごとに分泌物は減少したかにみえたが，なくなることはなかった。V字に分泌物が挟まることもあった。手持ち耳鏡で観察すると，鼓膜の下部には光沢のある分泌物が観察され，あたかも水分があるように光って見えた。耳垢腺が発達し油性の分泌物が多いためと考える。鼓膜外側面凹部に分泌物が蓄積すると，耳を振ったり掻いたりする行動が見られた。定期的にビデオオトスコープ療法を実施することで良い状態を維持している（図4-1-14，4-1-15，4-1-16，4-1-17）。

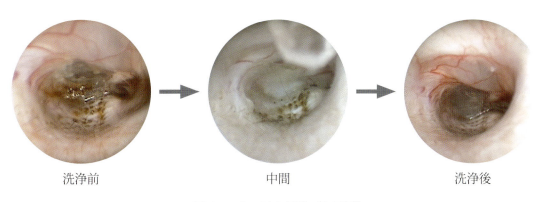

洗浄前　　　　　　　　中間　　　　　　　　洗浄後

図4-1-13　203日後（3回目）

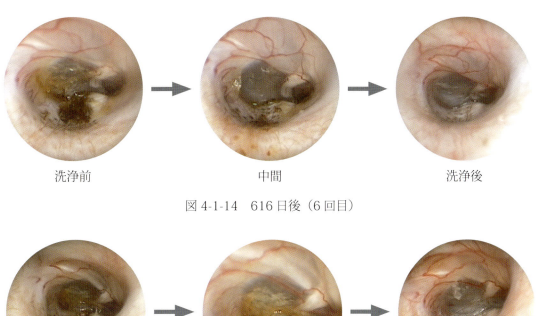

洗浄前　　　　　　　　中間　　　　　　　　洗浄後

図4-1-14　616日後（6回目）

洗浄前　　　　　　　　中間　　　　　　　　洗浄後

図4-1-15　644日後（7回目）

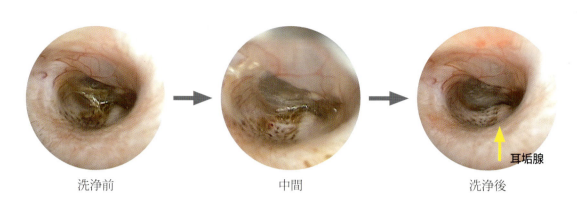

図 4-1-16　1273 日後（14 回目）　3 歳 1 か月
【Movie 4-1-3】

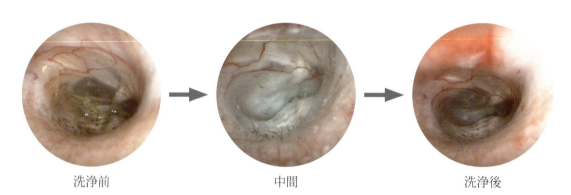

図 4-1-17　1827 日後（24 回目）　5 歳 7 か月
【Movie 4-1-4】

症例コメント

　ミニチュア・ダックスフンドはアレルギーの素因をもつ個体が多く，とくに食物アレルギーが耳炎の原因（基礎疾患）となっていることが多い。食物アレルギーの犬の85%に細胞診でマラセチアが検出されるといわれている。アレルギーをコントロールするとともに，耳道と鼓膜周辺を清浄化すると耳炎を治癒させることができる。

　マラセチアは常在菌といわれているが，基礎疾患であるアレルギーをコントロールし，鼓膜外側面凹部を徹底的に清浄化すると，やがて検出されなくなる。ただしV字部分が存在する場合や清浄化が不十分の場合は，マラセチアは消滅しにくく耳炎は継続しやすい。また耳垢腺の発達した個体もマラセチアが検出される。マラセチアが脂肪を好むからかもしれない。

　鼓膜外側面凹部の毛は，直立タイプが多く，このタイプは，耳道に耳垢塊をつくり難治性になる。症例2は，耳垢塊で耳道がいっぱいになり，耳垢塊の摘出後も炎症が続いている。耳垢塊は摘出して治療が完了するのではなく，摘出後から治療が始まるといっても過言ではない。長い間の炎症により，鼓膜周辺や耳道に変形（一輪挿し状）があり，耳垢は溜まりやすく炎症は起きやすい。炎症を鎮めるためには定期的な毛の除去と鼓膜外側面凹部の徹底した洗浄が必要になる。症例3は比較的早期に耳垢塊を摘出したが，定期的な毛の除去と洗浄が必要である。症例3 図4-1-7（中間）および図4-1-8（中間）に示すように，毛の根元には微生物と耳垢が固着するので定期的に除去する必要がある。

　幼犬時期に毛の状態を検査し，直立タイプであれば，毛を除去して根元の耳垢を洗浄すると，耳炎の慢性化を防ぐことができる。

　症例1は，流れるタイプのため，若年期は耳炎になりにくい。しかし年齢とともに，鼓膜外側面凹部の毛が脱毛してその場に留まり排出困難となり，微生物が繁殖している。病気の進行が緩慢なため，飼い主は耳炎に気づきにくい。症例2は，耳道内に大きな耳垢塊を形成していた。耳垢塊を摘出すると，鼓膜と直立した毛の間に分泌物が固着していた。耳道と鼓膜は変形していた。

　症例3は，耳道内に耳垢塊を形成していた。定期的な直立した毛の除去と，鼓膜外側面凹部の清浄化で耳垢塊を予防し，難治性になることを防いでいる*。

　直立した毛は，時間の経過とともに伸び，毛の先端と根元には分泌物と微生物とが固着する。ビデオオトスコープ療法により，鼓膜外側面凹部の毛は少しずつ減少し，分泌物も減少してはいるが，定期的なビデオオトスコープ療法が必要である。

　症例4は，耳垢腺が発達しているため分泌物が多く，そのうえV字部分があるので耳炎を起こしやすい。マラセチアは繁殖しやすい。定期的なビデオオトスコープ療法で良い状態を維持している。手持ち耳鏡で鼓膜外側面凹部を観察すると，分泌物は脂肪が多く光って見える。

---

*鼓膜外側面凹部を観察するのに光源を反転すると良く観察できる。この症例ではないが，耳垢栓を作る症例の動画をDVD-ROMに収載した（Movie 4-1-5）。

2. アメリカン・コッカー・スパニエル

耳　道

　アメリカン・コッカー・スパニエルは耳炎の好発品種である。垂直耳道は広く短く，すぐに水平耳道へと移行する。移行部のサンカクは，耳道軟骨腹側と近接しており，間隙がわずかなので耳炎が起きると，すぐに耳道閉塞を起こしやすく難治性耳炎に移行するものが多い。耳炎による耳道の腫れとともに耳介前面も腫れ，とくに対輪の下方の耳道は腫大して耳道の入口を塞ぐ（図4-2-1）。しかし耳介の耳道入口部分が広く十分なスペースがあるため，耳道閉塞が起きても気づきにくい。早期に鼓膜の異常に気づき治療をはじめると，閉塞を防ぐことができる。耳道内は毛が多く密集している個体が多い。逆サイド*の腹側の耳道には毛が密集している（図4-2-2）。この毛に分泌物が蓄積して炎症を惹起する（図4-2-3）。6時方向は他の品種と異なり逆U字のことが多い（図4-2-4）。とくに炎症後はこの傾向が強い（元々逆U字なので閉塞しやすいのかもしれない）。鼓膜に炎症が起きると12時方向から耳道入口に向かっての部分（トップライン**）が腫れる（図4-2-5）。

＊筆者による呼称。「本書を読むにあたって」vii頁参照。
＊＊筆者による呼称。「本書を読むにあたって」x頁参照。

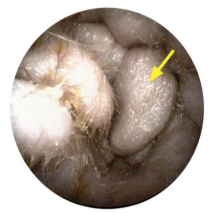

図4-2-1　耳介が腫れ，対輪の下方の耳道が耳道入口を塞いでいる。

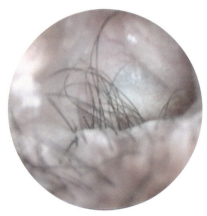

図4-2-2　逆サイド腹側に毛が密集している。

図4-2-3　毛に分泌物が付着して炎症を惹起している。

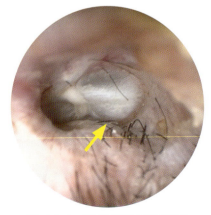

図4-2-4　逆U字形の耳道（腹側）。

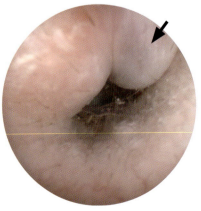

図4-2-5　トップライン。

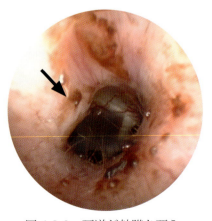

図4-2-6　耳道が鼓膜を覆う。

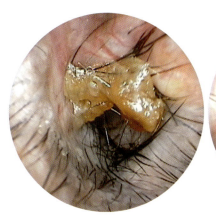 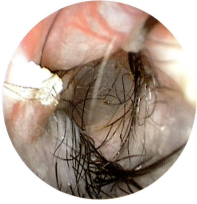 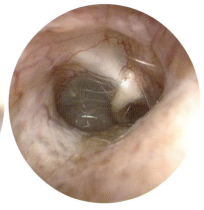

図 4-2-7　毛が鼓膜に付着している。

 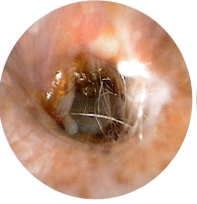 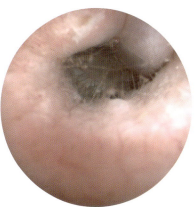

図 4-2-8　直立タイプの毛。

鼓　膜

　鼓膜は耳道に対して，平均的な 45 度より広い。鼓膜は全体的に丸くツチ骨柄は太く明瞭である。逆サイド背側の耳道が鼓膜を覆うように突出している場合が多い（図 4-2-6）。耳道内の毛や体毛が鼓膜に付着することが多く，犬は不快感のため耳を掻いたり擦ったりする。このことが耳炎の発症に関与している（図 4-2-7）。

毛のタイプ

　毛のタイプは直立のタイプが多い（図 4-2-8）。直立タイプは鼓膜と耳道の間に分泌物が固着し，通常の洗浄では摘出困難で難治性となることが多い。またこのタイプは，耳道内に耳垢塊を作ることが多い（図 4-2-9）。カールタイプには遭遇していない。

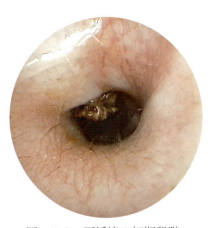

図 4-2-9　耳垢塊の初期段階。

逆 U 字形の耳道（腹側）

　軟骨輪（鼓膜と耳道の接合部）の腹側は，耳道が逆 U 字形のことが多い（図 4-2-4）。石灰化が可逆性であれば，炎症の鎮静化に伴い通常の耳道のように U 字に改善することもある。V 字部分には間隙が少なく密着している。

症例 1

避妊雌，5歳8か月，体重12.0kg。
毛のタイプ ☞ 直立タイプ（左耳）
これまでの治療と現状：近医にて治療を継続していたが悪臭が漂い改善せず，ついに外科手術（外側耳道切除術）を勧められた。飼い主は，手術を回避すべく当院を受診した。

耳道狭窄は軽度で，ビデオオトスコープ療法により鼓膜を清浄化すると，すぐに改善した。鼓膜外側面凹部の毛が直立のため，ときどき毛を除去することで外耳炎をコントロールしている。食事から鶏肉を除去して良好である。

初診時の細胞診：球菌（＋＋），マラセチア（＋＋）
細菌培養：
　検出菌：*Staphylococcus intermedius*
　　　　　（*Stap. pseudintermedius*）
アレルギー検査：ハウスダスト，ハウスダスト/ダニ，鶏肉，大豆，小麦，カツオ，マグロに陽性を示した。
薬剤：
　全身療法　セフポドキシムプロキセチル，ケトコナゾール。
　局所療法　ビデオオトスコープ療法時のみ動物用ウェルメイトL3の点耳。
　食事療法　z/d ULTRAに変更したが下痢が続いたため，飼い主の好む普通食とした。
治療・経過：初診時，膿性の黄色い分泌物が耳道入口を塞いでいた（図4-2-10）。耳道の分泌物を除去して鼓膜を観察すると12時から3時にかけて毛と分泌物が合体して耳道に固着していた（図4-2-11）。洗浄後，鼓膜外側面凹部には直立の毛が少量存在した（図4-2-12）。

初診日

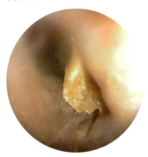

図4-2-10　黄色い分泌物が耳道入口を塞ぐ。

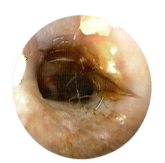

図4-2-11　鼓膜前面に毛と分泌物が固着。

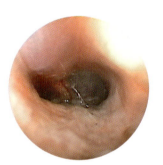

図4-2-12　直立タイプの毛。

50日後

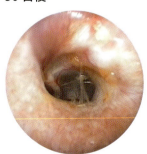

図4-2-13　直立タイプの毛の先端に分泌物が移動。

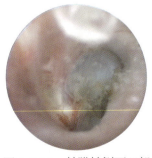

図4-2-14　鼓膜外側面凹部の分泌物（レンズを回転したためツチ骨柄側が下方となっている）。

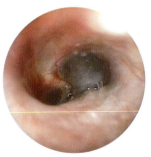

図4-2-15　毛を切除して清浄化。

3回目（50日後）には，鼓膜外側面凹部の毛が弛緩部まで到達し，その場に分泌物が付着していた（図4-2-13）。鼓膜外側面凹部，V字部分には分泌物が固着していた（図4-2-13，4-2-14）。

　4回目（226日後）には，鼓膜外側面凹部に分泌物が固着していたが，炎症は鎮まり，耳道および鼓膜は修復していた（図4-2-16，4-2-17，4-2-18）。

226日後

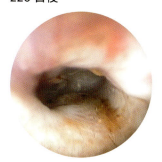

図4-2-16　鼓膜外側面凹部に毛と分泌物が蓄積。

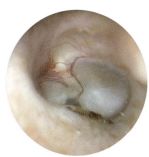

図4-2-17　鼓膜弛緩部の血管は明瞭，緊張部の線も明瞭（洗浄液が入っている）。

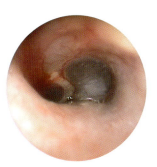

図4-2-18　毛と分泌物を除去して清浄化した後の鼓膜。

症例 2

雌，2歳11か月，体重10kg。
毛のタイプ ☞ 直立タイプ（右耳）。
これまでの治療と現状：1歳時から耳炎に悩まされていた。洗浄液を投入しマッサージ・排液・点耳薬を滴下する，従来の治療法が行われていた。複数の動物病院を受診するが改善せず，どの病院でも全耳道切除術を勧められた。症例1同様，手術を回避するために当院を受診した。

対輪とその周辺は腫れあがり，耳道入口を確認するのが困難だった。辛うじて3Frのカテーテルが挿入できるほどであった。
初診時の細胞診：桿菌（＋＋），マラセチア（＋）
細菌培養：
　検出菌：*Proteus mirabilis*

アレルギー検査：飼い主の意向により実施せず。
薬剤：
　全身療法　セフポドキシムプロキセチル，ケトコナゾール。
　局所療法　A液*の点耳。
　食事療法　アミノプロテクトケアに変更。
治療・経過：初診時，対輪とその周辺は腫れあがり，耳介全体が肥厚していた（図4-2-19）。耳道内は黄色の分泌物が充満していた（図4-2-20）。洗浄すると耳道には耳道腺が目立った。また鼓膜は確認できなかった（図4-2-21）。しかし2回目（11日後）には，鼓膜が確認され，症例1の（図4-2-14）と同様の場所に毛と分泌物が固着しているのが確認された（図4-2-

初診日

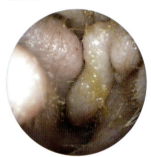

図4-2-19　対輪の下方が腫れている。
【Movie 4-2-1】

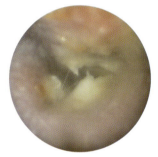

図4-2-20　耳道内は黄色の分泌物が充満していた。

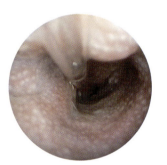

図4-2-21　鼓膜は確認できず，耳垢腺が発達していた。

11日後

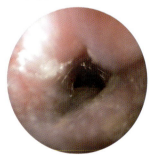

図4-2-22　鼓膜の上部に分泌物がある。

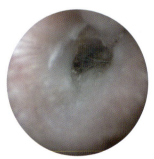

図4-2-23　鼓膜外側面凹部に直立タイプの毛がある。

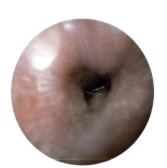

図4-2-24　清浄化後の鼓膜。

---

*A液：アミカシン硫酸塩注射液…アミカマイシン注射液100mg（明治製菓株式会社）1mlを人工涙液マイティア点眼液（千寿製薬株式会社）5mlに混和。

23)。この部分を徹底的に清浄化すると，耳道は速やかに腫れが改善した。そして3回目（28日後）には，ツチ骨柄が確認できるまでに回復した（図4-2-25，4-2-26）。4回目（49日後）には鼓膜外側面凹部の直立した毛が観察され，定期的な毛の処理が必要であることが示唆され，治療は継続した（図4-2-27）。

しかし，飼い主都合により，一時，毛の処置を中断したところ，7回目（203日後）には鼓膜の間際に表皮囊腫（病理診断）が出現した（図4-2-28）。把持鉗子で摘出し半導体レーザーで止血した（図4-2-29）。その1週間後の8回目（210日後）には残渣を除去し鼓膜は良化した（図4-2-30，4-2-31）。

28日後

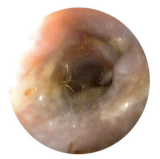

図4-2-25　分泌物で汚れた鼓膜，ツチ骨柄が確認できた。

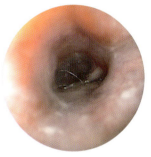

図4-2-26　清浄化後の鼓膜。

49日後

図4-2-27　鼓膜外側面凹部の直立の毛が多数観察された。

203日後

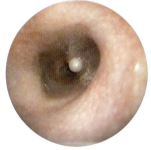

図4-2-28　表皮囊腫が出現した。

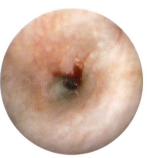

図4-2-29　半導体レーザーで除去し止血した。

210日後

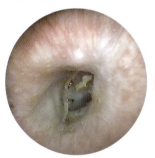

図4-2-30　表皮囊腫摘出後には残渣があった。

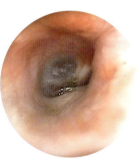

図4-2-31　良好となった耳道と鼓膜。

【Movie 4-2-2】

症例コメント

アメリカン・コッカー・スパニエルは鼓膜外側面凹部の毛が直立のものが多い。さらに逆サイドの背側の耳道が鼓膜を覆うように傾き，逆サイドの腹側には毛が多数乱立することから，自ずと耳道は狭くなる（図4-2-2，4-2-6，4-2-8）。鼓膜とこれらの毛の間には，分泌物が溜まり固着して微生物の温床となる。弛緩部の上部から伸びるトップラインの腫れも加わり，鼓膜が大きいにもかかわらず，炎症の比較的早期に耳道閉塞を起こしやすい。そして一度閉鎖が起きると耳道腺が腫大化して炎症が再燃し再閉塞を起こしやすい。

閉塞した耳道の鼓膜付近には，表皮嚢腫（図4-2-32）が形成されていることもある。

耳炎を予防するためには，幼犬時に耳道内の毛のパターンを把握するとともに，食物アレルギーにも留意し，鼓膜の清浄化に努めることが大切である。

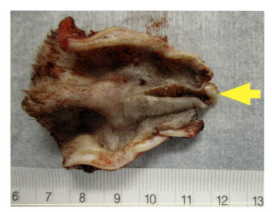

図4-2-32　表皮嚢腫。全耳道切除術後の耳道。

3．フレンチ・ブルドッグ

耳道

フレンチ・ブルドッグは中耳炎・内耳炎の好発品種である。垂直耳道は広くロート状でスペースがあり水平耳道は細く短い。耳炎が起きるとすぐに耳道閉塞しやすく（図4-3-1），鼓膜周辺の耳道は観察しにくい。立耳で耳道開口部が広いため，洗浄は容易にできると思われがちだが，極めて困難である。シャンプーや洗浄で一度耳道内に入った液体は排出しにくく，さらなる炎症の火種となる。逆サイド下と耳道の接合部には，毛が密集していることがあり（図4-3-2），微生物のかっこうの繁殖場となる。全体的に耳道内の毛は少ない。耳道入口が広いため，砂や砂利や体毛が入りやすい。また，環境因子（花粉等の空気中の飛散物）の影響を受けやすい（図4-3-3）。

鼓膜

鼓膜は耳道に対して平均的な45度よりやや広角である。鼓膜は丸いものや台形など個体差がある（図4-3-4）。鼓膜周辺の耳道が腫れているとツチ骨柄は確認しにくい。線維軟骨付近が腫脹していることが多く，鼓膜弛緩部の血管走行は確認しにくい。

毛のタイプ

毛のタイプは直立のタイプが多い（図4-3-9）。流れるタイプ，カールタイプには遭遇していない。

水平眼振

外耳炎から中耳炎さらに内耳炎に移行することが多い。耳道入口が広いため，耳炎が重篤でも気づかれないことが多い。眼振が起きてからMRIやCTの検査によって耳炎が診断される場合がある。

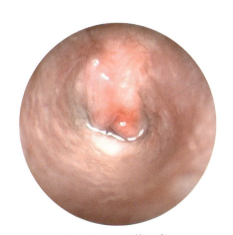

図4-3-1　耳道閉塞。

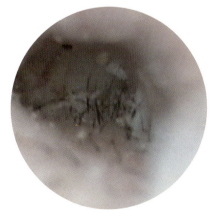

図4-3-2　毛が密集して微生物が繁殖する。

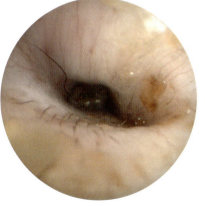

図4-3-3　体毛が付着した鼓膜。シャンプー後に水が入っている。

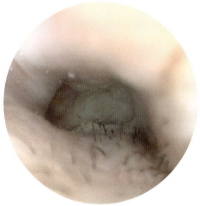

図4-3-4　台形の形をした鼓膜。【Movie 4-3-1】

症例1

雌，2歳9か月，体重9.14kg。
毛のタイプ☞直立タイプ（左耳）
これまでの治療と現状：近医にて治療を受けていたが，黄色の分泌物が多量になり悪臭が漂い改善せず，外科手術（外側耳道切除術）を勧められた。一分の望を託して当院を受診した。
初診時の細胞診：桿菌（＋＋），球菌（＋），マラセチア（＋＋）
細菌培養：
　検出菌：*Staphylococcus intermedius*
　　　　　（*Stap. pseudintermedius*）
　細胞診で桿菌が検出されても，細菌培養で桿菌が検出されないことはときどきある。
アレルギー検査：ヤケヒョウヒダニ，コナヒョウヒダニ，大豆，トウモロコシに陽性を示した。
薬剤：
　全身療法　セフポドキシムプロキセチル，ケトコナゾール。
　局所療法　A液の点耳。
　食事療法　z/d ULTRA（缶詰）に変更。
治療・経過：初診時には，耳道入口は腫れ，膿性の黄色い分泌物が耳道入口を塞いでいた（図4-3-5，4-3-6）。耳道の分泌物を除去すると閉塞した耳道が観察された（図4-3-7）。鼓膜は確認できなかった。丁寧に清浄化し短期間での再診を勧めた。3回目（17日後）には，耳道の入口が開き（図4-3-8），耳道の分泌物も減少し鼓膜が観察された。鼓膜外側面凹部には直立の毛が少量存在し，分泌物が固着していた（図4-3-9）。小さなツチ骨柄も観察された（図4-3-10）。耳道および鼓膜を清浄化した。7回目（91日後）には，耳道の修復も進み，ツチ骨柄は明瞭となった。鼓膜弛緩部の血管は不明瞭で，引き続き治療が必要である（図4-3-11）。

初診日

図4-3-5　耳道入口は閉塞している。

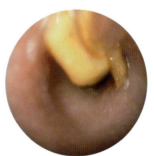

図4-3-6　膿性・黄色の分泌物が耳道に充満している。

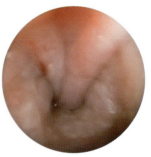

図4-3-7　耳道は閉塞している。

17日後

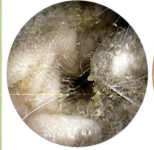

図4-3-8　開口した耳道入口。

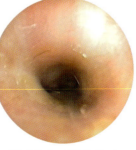

図4-3-9　直立タイプの毛が見える。

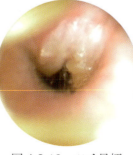

図4-3-10　ツチ骨柄が見える。

91日後

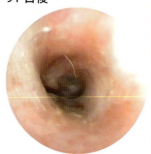

図4-3-11　鼓膜弛緩部の血管は不明瞭。

症例 2

雄，4歳4か月，体重 13.6 kg。【Movie 4-3-2】
毛のタイプ☞直立タイプ（右耳）。
これまでの治療と現状：2年間，皮膚病（全身性）の治療を受けていた。耳は綿棒による治療が行われていた。治療を続けていたが改善せず当院を受診した。皮膚は発赤し，目の下，耳の後ろ，首の腹側，脇の下に脱毛と発赤が認められた。後ろ足で掻く動作が認められた。痒みと苦痛のため神経質で攻撃的であった。
初診時の細胞診：球菌（＋），マラセチア（＋）
細菌培養：
　検出菌：*Pseudomonas* sp., *Bacillus cereus*
アレルギー検査：多くの草，雑草，樹木，ハウスダスト，ハウスダスト/ダニ，鶏肉，大豆，羊肉，米，七面鳥，大麦，ブドウ球菌，マラセチアに陽性を示した。
　環境因子に陽性を示したため，散歩は控えるよう指示したが，聞き入れてはもらえなかった。雨の日も排泄のため散歩を行ったため，定期的な治療が必要となった。
薬剤：
　全身療法　セフポドキシムプロキセチル，ケトコナゾール。
　局所療法　ビデオオトスコープ療法時のみA液の点耳，自宅ではトブラシン点眼液の点耳を処方。
　食事療法　z/d ULTRA（缶詰）に変更。
治療・経過：初診時には，耳道内には多数の毛（体毛・耳道内の毛）が詰まっており把持鉗子で摘出した（図4-3-12）。耳道は閉塞して鼓膜は確認できなかった（図4-3-13）。2回目（13日後）には，耳道が開き，黄色の分泌物と毛が摘出できた（図4-3-14）。毛は鼓膜に向かって刺さるように詰まっていて，毛根部には黄色い分泌物

初診日

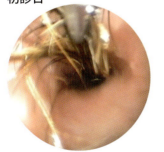

図 4-3-12　多数の毛が詰まっている。

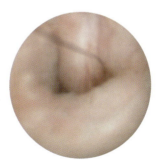

図 4-3-13　耳道は閉塞している。

13 日後

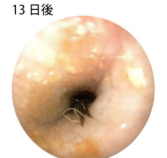

図 4-3-14　さらに毛が詰まっていた。

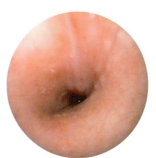

図 4-3-15　洗浄後の耳道。

が固着していた。洗浄して分泌物を除去すると，鼓膜外側面凹部には毛が横たわっていた。3回目（28日後）には，さらに耳道が開口して毛と分泌物が摘出できた（図4-3-16，4-3-17）。6回目（48日後）には，ツチ骨柄が確認できるまでに改善した（図4-3-18）。

28日後

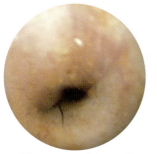
図4-3-16 さらに耳道が開いた。

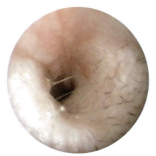
図4-3-17 洗浄後の耳道。

48日後

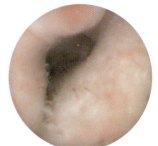
図4-3-18 ツチ骨柄が確認できた。

症例コメント

フレンチ・ブルドッグは，中耳炎や内耳炎に罹患するものが多い。しかし手持ち耳鏡では，中耳炎や内耳炎を診断することが困難なため，外耳炎として治療されている場合が多い。その結果，難治性耳炎になってしまうことがある。

立耳で耳道入口が大きいことから，体毛が耳道内に入りやすい。体毛や耳道内の毛は，落下して鼓膜に向かい炎症が惹起される。違和感のため，犬が後肢で掻くことが耳炎をより悪化させる。鼓膜周辺の耳道が狭いため，閉塞し，耳炎は瞬く間に悪化する。

耳道内に落下した毛を，丁寧に除去することで耳炎の悪化を防ぐことができる。一度閉塞を起こすと僅かな刺激で再閉塞を起こしやすい。耳炎のためにイビキをかくことが多い。耳炎が治癒するとイビキは改善する。

4. パグ

耳 道

パグは外耳炎の好発品種である。耳道入口は広いが垂直耳道は短い。水平耳道は細く狭いので炎症により耳道閉塞しやすい。耳介や耳道入口には毛が密集していて（図4-4-1），耳道内に落下しやすい。落下した毛と耳道内で抜けた毛は，垂直耳道や鼓膜にたどり着いて炎症を起こすので，鼓膜周辺の耳道は腫れていることが多い。

鼓 膜

耳道に対する鼓膜の角度は平均的な45度である。鼓膜は観察しにくい。鼓膜の形はフレンチ・ブルドッグと似通っていて，長方形である。鼓膜全体に占める緊張部の割合が多い。鼓膜弛緩部やツチ骨柄は観察しにくい。耳道内には毛が多く，常に抜けた毛が鼓膜に付着している（図4-4-2）。

毛のタイプ

毛のタイプは確認しにくい。

鼓膜周辺

体毛や耳道内の毛が鼓膜周辺に落下して，鼓膜に突き刺さるように詰まっていることが多い（図4-4-3）。犬は，毛の刺激による不快感や痒みのために後肢で耳を掻き，その刺激により耳道周辺の毛が落下して耳炎増悪のスパイラルとなりやすい。

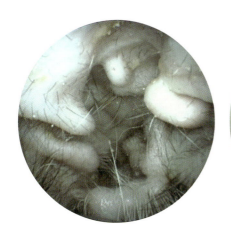

図4-4-1　耳介や耳道入口は毛が密集している。

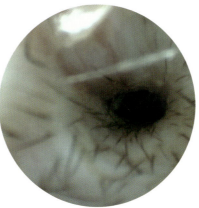

図4-4-2　鼓膜には抜けた毛が付着している。

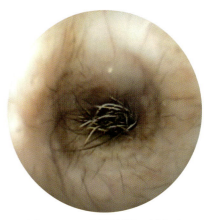

図4-4-3　毛が鼓膜に刺さるように詰まっている。

症例 1

雌，5歳7か月，体重5.0kg。

毛のタイプ☞不明（左耳）

これまでの治療と現状：近医にて治療を受け点耳薬を処方されていた。黄色い分泌物と悪臭があり，痒みが続いていた。

初診時の細胞診：球菌（＋＋），桿菌（＋），マラセチア（＋＋）

細菌培養：

　検出菌：*Staphylococcus intermedius*
　　　　　（*Stap. pseudintermedius*）

細胞診で桿菌が検出されても，細菌培養で桿菌が検出されないことがときどきある。

アレルギー検査：ハウスダスト/ダニ，鶏肉，鹿肉，小麦，米，大麦，マグロに陽性を示した。

薬剤：

　全身療法　セフポドキシムプロキセチル，ケトコナゾール。

　局所療法　A液の点耳。

　食事療法：z/d ULTRA（缶詰）に変更。

治療・経過：初診時には，耳道入口は腫れて膿性の黄色い分泌物が耳道入口を塞いでいた（図4-4-4）。耳道内も黄色い分泌物が充満し爛れていた。鼓膜には数本の毛が張り付いていた（図4-4-5）。毛を摘出して清浄化したところ，直立タイプの毛が観察された（図4-4-6）。耳炎は，すぐに改善したが定期的な治療が必要であった。7回目（293日後）には，耳道入口や耳道内の腫れや分泌物は減少し（図4-4-7）良い状態を維持している。しかし，鼓膜には多数の毛が落下し（図4-4-8），毛の根元には分泌物が固着し微生物の温床となっていた（図4-4-9）。毛を除去して鼓膜を清浄化した。ツチ骨柄が確認でき良い状態を維持している（図4-4-10）。

初診日

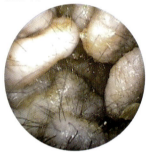

図4-4-4　耳道入口には黄色い分泌物がある。

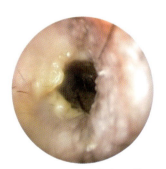

図4-4-5　耳道内の黄色い分泌物。鼓膜には毛が張り付いている。

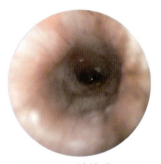

図4-4-6　清浄化した鼓膜。直立タイプの毛がある。

293日後

図4-4-7　耳道入口の腫れや分泌物は減少した。

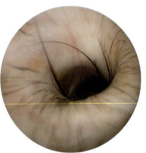

図4-4-8　鼓膜には落下した毛が付着。

図4-4-9　摘出した毛には分泌物が付着している。

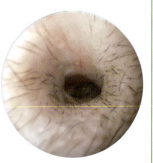

図4-4-10　清浄化した鼓膜。ツチ骨柄が確認できる。

症例 2

雌，4 歳 2 か月，体重 6.8kg。
毛のタイプ：流れるタイプ（左耳）
これまでの治療と現状：生後 8 か月頃よりときどき皮膚炎があった。耳の治療は，定期的に行っていたが，最近とくに手をなめることが多くなり，耳を痒がって来院した。
初診時の細胞診：マラセチア（＋）
細菌培養：陰性
アレルギー検査：多くの草，雑草，樹木，ハウスダスト／ダニ，鶏肉，小麦，羊肉，米，七面鳥，ジャガイモ，玄米，ブドウ球菌に陽性を示した。

環境因子に陽性を示したため，散歩は控えるよう指示した。

薬剤：
　全身療法　スルファメトキサゾールとトリメトプリムの合剤, ケトコナゾール。
　局所療法　ビデオオトスコープ療法時のみ動物用ウェルメイト L3 の点耳。
　食事療法　z/d ULTRA（缶詰）に変更。

治療・経過：初診時には，鼓膜周辺に多数の毛（体毛・耳道内の毛）が詰まっていた（図 4-4-11）。鼓膜外側面凹部の毛は流れるタイプで，毛の根元には分泌物が固着して炎症を惹起していた（図 4-4-12，4-4-13）。同日の右耳の鼓膜にも毛が多数落下していた（図 4-4-14）。把持鉗子で摘出し清浄化した（図 4-4-15）。継続治療を続け 44 回目（1379 日後）には，毛の混入が続き定期的な毛の除去と耳の清浄化が必要であるが良い状態を維持している（図 4-4-16）。皮膚炎は，耳の治療をコントロールすることで激減し，手を舐める行動もない。ステロイド剤や免疫抑制剤は使用していない。

初診日

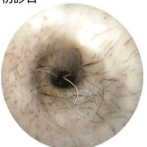

図 4-4-11　鼓膜周辺に見られた毛。隠れている部分に多数の毛がある。

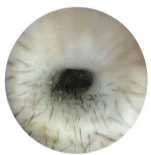

図 4-4-12　流れるタイプの毛と分泌物。

図 4-4-13　毛には微生物が繁殖している。

図 4-4-14　同犬の右耳。毛が多数落下している。

図 4-4-15　把持鉗子を用いて毛と分泌物を摘出。

1379 日後

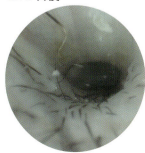

図 4-4-16　鼓膜に落下した毛。定期的な毛と分泌物の除去が必要である。

> **症例コメント**
>
> 　フレンチ・ブルドッグ同様，耳の開口部は広いが水平耳道は細いため，体毛が耳道に落下すると鼓膜に向かって刺さるように詰め込まれる。また耳道内の多くの毛も寿命がつきると脱毛して落下する。これらの毛は，耳道の奥，すなわち鼓膜にたどり着く。毛は異物であり，除去しなければ鼓膜周辺で炎症が起きる。炎症はやがて耳道全体に波及する。したがって，定期的に耳道や鼓膜をビデオオトスコープで精査し鼓膜上の毛を除去する必要がある。毛は見かけより多量に蓄積している。把持鉗子を用いて毛を摘出し鼓膜周辺を清浄化すると，鼓膜も耳道も良い状態が維持できる。
>
> 　鼓膜外側面凹部の毛は流れるタイプが多い。しかし炎症が長引いている場合は，毛が抜け落ちてしまって確認は困難である。手持ち耳鏡では鼓膜は観察しにくく，鼓膜周辺に炎症が惹起されても確認できない。そのため外耳炎から中耳炎へと悪化している場合がある。中耳炎が慢性外耳炎と診断されて延々と外耳炎の治療を受け，難治性へと移行している場合も少なくない。

5. 柴 犬

耳　道

　耳道入口は毛で覆われ，それに続く垂直耳道はやや広く，丸い水平耳道へと移行する。通常の検査で耳介や垂直耳道や水平耳道が清潔に見えても，ビデオオトスコープで観察すると耳道に分泌物が付着していることがある（図4-5-1）。耳道の分泌物が少なくても中耳炎を起こしていることがあるので注意が必要である（第5章「中耳炎の症例」を参照）。また，耳道の開口部が広いため，草木の種（ノギなど）の異物が入りやすい（図4-5-8）。さらに中年以降の犬においては，体毛が耳道内に落下していることが多く耳炎の原因になる（図4-5-2, 4-5-3）。

鼓　膜

　耳道に対する鼓膜の角度は，平均的な45度よりやや広い角度である。水平耳道は丸く，それに続く鼓膜もミニチュア・ダックスフンドなど他の犬種と比べると丸みを帯びている（図4-5-4）。

図4-5-1　耳道に分泌物が付着。中耳炎の耳道：手持ち耳鏡では確認できなかった。

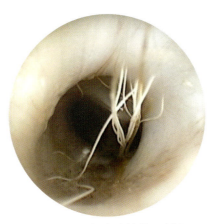

図4-5-2　体毛が鼓膜に刺さっている。

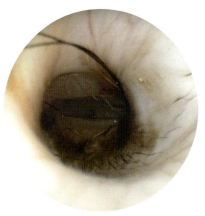

図4-5-3　鼓膜に付着した体毛。

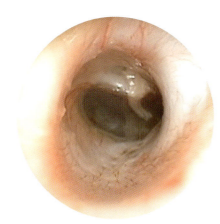

図4-5-4　丸みをおびた鼓膜。

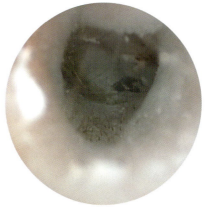

図4-5-5　死角が多い。

図4-5-6　死角部分に毛が溜まっている（矢印）。

【Movie 4-5-1】

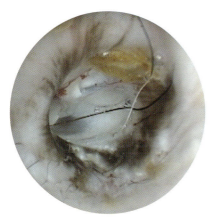

図4-5-7　鼓膜には毛が落下している。

耳道と鼓膜の接合部は深いドーム状で死角となる（図4-5-5）。この部分に毛や分泌物が溜まることが多くビデオオトスコープで検査する時にも見逃しやすい（図4-5-6）。犬は，鼓膜に付いた毛の刺激による痒みのために後肢で激しく掻く。これにより鼓膜が損傷したり（Movie 4-5-2），耳介の毛が耳道や鼓膜に落下したりして耳炎を悪化させることがある（図4-5-7）。

毛のタイプ

毛は少ない個体が多い。カールタイプには遭遇していない。

アレルギー

柴犬はアトピーやアトピー様疾患が多い。皮膚病のある個体は，耳炎を伴っていることが多い。手持ち耳鏡の検査で耳道に異常がなくても，ビデオオトスコープで精査すると外耳炎や中耳炎が診断されることがある。したがって，柴犬はビデオオトスコープでの検査が必要である。皮膚だけでなく耳炎を治療することで痒みを軽減できる。

症例 1

去勢雄，5歳，体重 10.0kg。
毛のタイプ☞少なく判定不能（左耳）
これまでの治療と現状：1週間前より激しく耳を掻くようになった。耳道内にノギが検出された。
初診時の細胞診：球菌（＋）
細菌培養：陰性
薬剤：
　　全身療法　セフポドキシムプロキセチル。
　　局所療法　ビデオオトスコープ療法時のみ動物用ウェルメイト L3 の点耳。
治療・経過：初診時，耳介は清潔であったが，耳道内に植物の種（ノギ）が検出された（図 4-5-8，4-5-9）。把持鉗子を用いてノギを摘出後に耳道と鼓膜を洗浄した。ノギの摘出後にも，耳道内にはノギの一部が散乱していた（図 4-5-10）。丁寧に除去し清浄化した（図 4-5-11）。

2回目（10日後）には，ノギの残骸とともに表皮が剥がれて舞いあがった（図 4-5-12）。ノギの刺激により，表皮が傷ついたと思われる。さらに体毛も検出され除去し洗浄した（図 4-5-13）。鼓膜と耳道はきれいに清浄化し治癒した（図 4-5-14）。

初診日

図 4-5-8　耳道内にノギが入っている。

図 4-5-9　摘出したノギ。

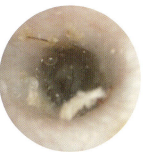

図 4-5-10　清浄中。ノギの一部が残っている。

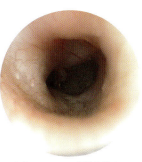

図 4-5-11　清浄化した鼓膜。

10日後

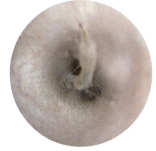

図 4-5-12　剥がれた表皮。

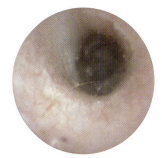

図 4-5-13　毛も混入している。

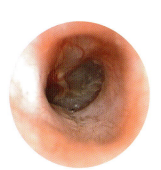

図 4-5-14　清浄化した鼓膜。

症例2

去勢雄，5歳9か月，体重9.1kg。【Movie 4-5-3】

毛のタイプ：直立タイプ（左耳）

これまでの治療と現状：1年前から季節性のアレルギーがあった。今年は皮膚病だけではなく耳炎も加わった。

初診時の細胞診：球菌（＋），マラセチア（＋）

細菌培養：

　検出菌：*Staphylococcus intermedius*
　　　　　（*Stap. pseudintermedius*）

アレルギー検査：検査項目のすべての雑草・牧草・樹木，牛肉，小麦，大豆，トウモロコシ，ジャガイモ，米，牛乳に陽性を示した。

　環境因子に対してIgEが陽性を示したため，散歩を控えるよう指示したが，排泄，運動などの理由により実行できなかった。そのため，特定の樹木（トチノキの可能性が濃厚）の影響がある4月から7月下旬までは悪化し，それ以外の季節は，比較的良好であった。

薬剤：

　全身療法　オルビフロキサシン，ケトコナゾール。

　局所療法　A液の点耳。

　食事療法　z/d ULTRAに変更。

治療・経過：初診時，耳介や耳道入口は腫れ，分泌物が固着していた（図4-5-15）。耳道内には黄色の分泌物があり鼓膜緊張部は不透明で6時方向に傷が見つかった（図4-5-16）。耳道および鼓膜の分泌物を除去し洗浄して清浄化した（図4-5-17）。

　7回目（80日後）には，耳介および耳道入口にはまだ少しの分泌物が観察された。時期的に環境因子の飛散が少なくなっていたが，少し影響が残っていた（図4-5-18）。耳道入口に近い水平耳道には少量の分泌物があった。やや透明度のある鼓膜緊張部が確認できた（図4-5-19）。洗浄後には傷んだ耳道が観察されたが鼓膜は修復していた（図4-5-20）。

初診日

図4-5-15　耳介・耳道入口には分泌物が固着している。

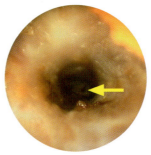

図4-5-16　耳道内には黄色の分泌物があり，鼓膜緊張部に損傷（矢印）がある。

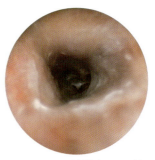

図4-5-17　清浄化した鼓膜。

80日後

図4-5-18　耳介・耳道入口はまだ環境因子の影響がある。

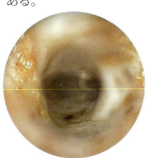

図4-5-19　鼓膜緊張部はやや透明である。

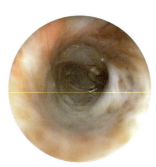

図4-5-20　鼓膜はほぼ修復。

> **症例コメント**
>
> 　柴犬の耳は立耳である。立耳の犬は耳炎になりにくいと信じられているが否である。若く活動的な時期は，散策により植物（ノギなど）が耳道内に入ることはよく知られている。ノギは鼓膜に向かって刺さるように落下する。治療はノギを摘出して終わりではなく，むしろ摘出してからが治療になる。ノギの小片が耳道や鼓膜に刺さり傷をつけているからである。これを丁寧に取り除いて清浄化すると，耳道と鼓膜の健康を取り戻すことができる。
>
> 　耳道入口は毛で覆われているため，耳道入口や耳介などの体毛が落下しやすい。とくに春秋の換毛時には，多くの毛が耳道内に落下する。一度落下した毛は，耳道の粘着性でその場にとどまるか，鼓膜までたどりついてしまい耳炎の原因になる。犬は落下した毛の刺激や違和感から耳の周辺を後肢で掻き，それによってさらに耳道内に毛が落下する。こうして耳炎増悪のスパイラルとなる。たった1本の毛が中耳炎のスタートとなることもある。
>
> 　柴犬はアレルギー体質の個体が多い。皮膚病だけでなく耳にも注目し，耳道や鼓膜をビデオオトスコープで精査する必要がある。とくに耳周辺や鼓膜の位置（頚部の腹側）を掻く場合は，耳道と鼓膜の接合部（手持ち耳鏡では死角になる）を精査する必要がある。

6. トイ・プードル

耳 道

トイ・プードルはミニチュア・ダックスフンドと同様に鼻梁が長く，短頭種と比べると耳道が長い。耳道はなだらかで広く空間があり難治性になっても炎症による耳道閉塞を起こしにくい。耳道内は，体毛と同様のカールした毛が密集している。したがって耳道内への洗浄液の投入と排液は毛により妨害されるため極めて難しい。一般的な洗浄法により，洗浄液を投入した場合は，毛と分泌物（汚れた耳垢）と洗浄液とが混和し，耳道の奥（鼓膜外側面凹部）に蓄積して，微生物（細菌，マラセチア等）の温床となりやすい。

鼓 膜

鼓膜は耳道に対して平均的な45度より鋭角である。ツチ骨頭が明瞭で，前方（耳道入口方向）に突出しているように見える。また，ツチ骨柄は細く後方に引っ張られている。骨性隆起は目立たない。

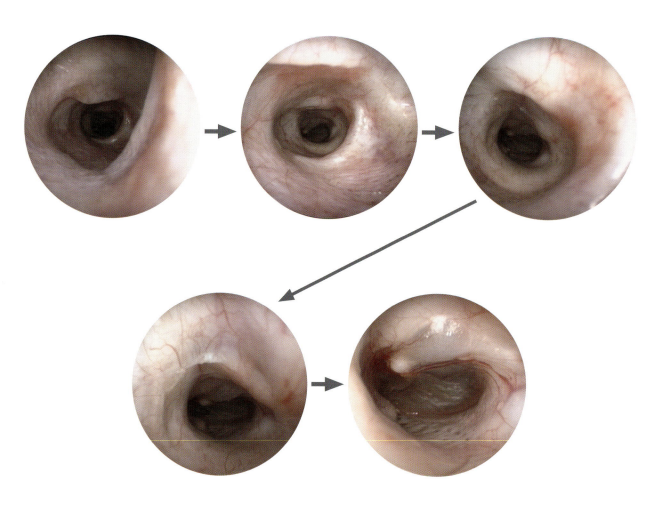

図4-6-1　ビデオオトスコープを珠間切痕に挿入し，耳道入口から鼓膜に向かった時に順次見えてくる画像（左耳）。

毛のタイプ

毛のタイプは，ほとんどがカールタイプである。時に直立タイプもある。直立タイプは難治性となることが多い。流れるタイプはいまだ検出していない。

V 字

V 字部分に毛が入りやすく微生物の温床となる。ビデオオトスコープ療法により，毛を摘出すると炎症は治癒に向かう。

治療前

図 4-6-2　鼓膜外側面凹部に分泌物が固着。

治療後

図 4-6-3　清浄化した鼓膜（健康）。

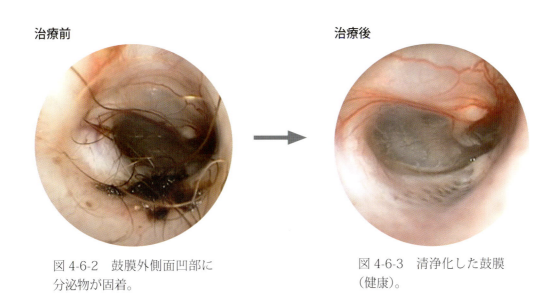

症例 1

去勢雄，1歳半，体重5kg。
毛のタイプ☞カールタイプ（右耳）
これまでの治療と現状：通常の洗浄が行われていた。点耳薬と抗菌剤の投与が行われていた。耳道内は，毛と分泌物が混ざり，鼓膜外側面凹部に分泌物が固着していた。耳を掻く，振るなど不快感を呈していた。
初診時の細胞診：球菌(＋)，マラセチア(＋＋＋)
アレルギー検査：鶏肉，大豆，米，七面鳥，オートミールに陽性を示した。z/d ULTRAに変更後1年5か月後には陰性となった。
細菌培養：飼い主の意向により実施せず。
薬剤：
　全身療法　セフポドキシムプロキセチル，ケトコナゾール。
　局所療法　ビデオオトスコープ療法時のみ動物用ウェルメイトL3の点耳。
　食事療法　z/d ULTRAに変更。
耳垢腺：発達
治療・経過：初診時，耳道入口は毛で覆われ，耳道内には毛が密生していた。把持鉗子を用いて毛を取り除くと鼓膜外側面凹部には黒色の分泌物と毛が固着していた。固着した分泌物と毛を除去するとV字部分にも毛が混入しており丁寧に摘出して清浄化した（図4-6-4）。2回目（28日後）には，分泌物は激減していたが弛緩部と鼓膜外側面凹部にわずかに固着していた。分泌物を除去すると鼓膜外側面凹部の耳垢腺が発達していることが判明した。分泌物を摘出して清浄化した（図4-6-5）。5回目（126日後）には，鼓膜外側面凹部の毛が伸びて分泌物が付着していた。丁寧に除去し清浄化した（図4-6-6）。35回目（2048日後）には，鼓膜外側面凹部の分泌物はごく少量となり清浄化した

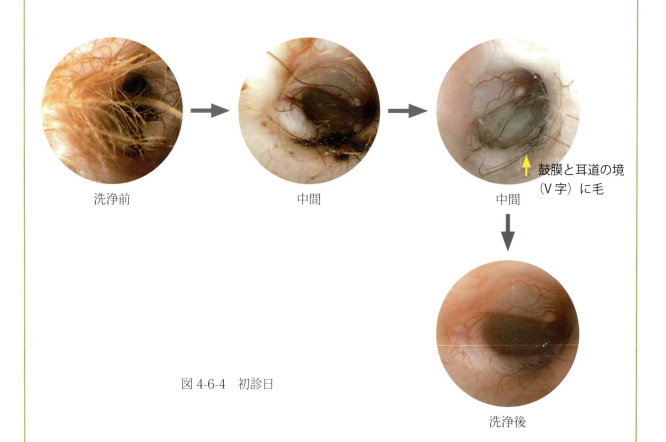

図4-6-4　初診日

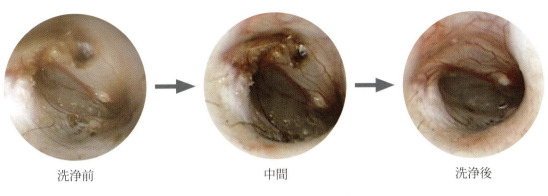

洗浄前　　　　　　　　中間　　　　　　　　洗浄後

図 4-6-5　28 日後（2 回目）

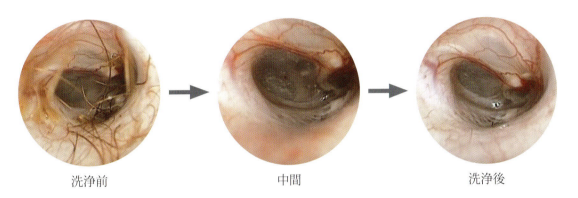

洗浄前　　　　　　　　中間　　　　　　　　洗浄後

図 4-6-6　126 日後（5 回目）

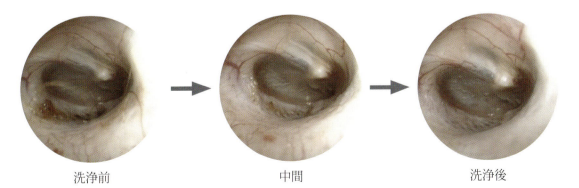

洗浄前　　　　　　　　中間　　　　　　　　洗浄後

図 4-6-7　2048 日後（35 回目）

（図 4-6-7）。鼓膜外側面凹部の耳垢腺が発達しカールタイプの毛が伸びて分泌物が蓄積するため，定期的に毛と分泌物の除去が必要である*。定期的に処置することで毛と分泌物は徐々に減少し鼓膜と耳道の健康が保たれている。図 4-6-8 は，37 回目（2167 日後）の清浄化後の健康的な鼓膜である。

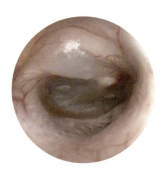

図 4-6-8　2167 日後（37 回目）

---

*定期的耳道内の毛を摘出することで耳道と鼓膜の清浄化は保たれるが，耳道内に異物が入り込みやすい。ドッグランで遊んだ時に耳道に小石が入ってしまった。【Movie 4-6-1】

症例 2

去勢雄，2 歳 11 か月，体重 8.5kg。【Movie 4-6-2】

毛のタイプ☞直立タイプ（右耳）
これまでの治療と現状：通常の洗浄が行われていた。毛と分泌物が混ざり，耳道内は毛と分泌物でいっぱいとなっていた。点耳薬（含ステロイド剤）と抗菌剤の長期投与が行われていたが，治療困難のため外科手術を薦められていた。
初診時の細胞診：球菌（＋），マラセチア（＋＋）
細菌培養：
　　検出菌：*Staphylococcus aureus*（MRSA）
　　有効：CP，ST
アレルギー検査：小麦に陽性を示した。
薬剤：
　全身療法　当初セフポドキシムプロキセチルを内服→細菌培養検査結果によりスルファメトキサゾールとトリメトプリムの合剤に変更，ケトコナゾール。
　局所療法　ビデオオトスコープ療法時のみ動物用ウェルメイト L3 の点耳。
　食事療法　z/d ULTRA に変更。

治療・経過：初診時，耳道入口は毛に覆われ，耳道内は膿性の分泌物が毛に絡まり，悪臭を放っていた。把持鉗子を用いて毛と分泌物を除去すると，鼓膜外側面凹部には直立した毛に粘稠性のある分泌物が絡まっていた。弛緩部は腫れ V 字には多数の毛と分泌物が詰まっていた。カテーテルの水流で分泌物を除去したが，1 本の毛は V 字に詰まり摘出できなかった（図 4-6-9）。2 回目（7 日後）には，分泌物は減少し耳道に張り付いていた。V 字に詰まっていた毛は前方（耳道入口方向）に排出され容易に摘出できた（図 4-6-10）。3 回目（14 日後）には，

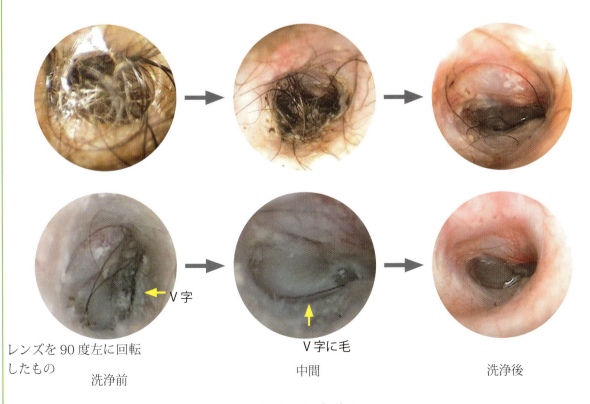

図 4-6-9　初診日

分泌物は激減し鼓膜は回復した（図4-6-11）。しかし6回目（115日後）には，再び鼓膜外側面凹部の毛は伸びて分泌物が蓄積し微生物の温床となっていた。洗浄して清浄化した（図4-6-12）。定期的な鼓膜外側面凹部の毛の摘出が必要である。

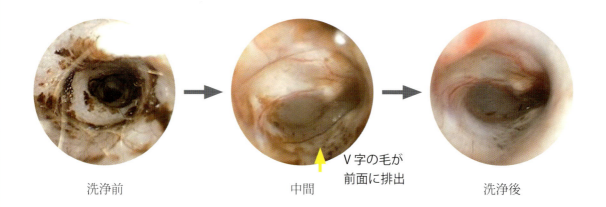

図4-6-10　7日後（2回目）

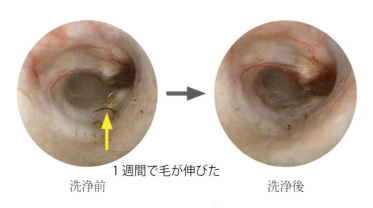

図4-6-11　14日後（3回目）

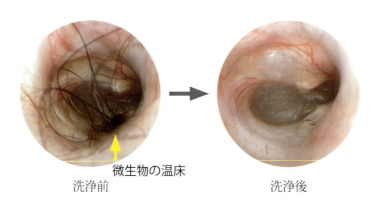

図4-6-12　115日後（6回目）

【Movie 4-6-3】

症例 3

雌，3 か月 → 1 歳 8 か月
毛のタイプ☞直立タイプ〜カール（右耳）
これまでの治療と現状：購入時にすでに耳道入口まで分泌物があり，ブリーダーは綿棒で処置していたとのことである。
初診時の細胞診：マラセチア（＋）
細菌培養：陰性
アレルギー検査：小麦，ジャガイモ，米に陽性を示した。
薬剤：
　全身療法　オルビフロキサシン，ケトコナゾール（1 歳から使用）。
　局所療法　ビデオオトスコープ療法時のみ動物用ウェルメイト L3 の点耳。
　食事療法　z/d ULTRA を指示したが，飼い主独自の考えから手作り食を給餌。ビデオオトスコープ療法を実施しても改善がゆっくりだったため，後に渋々 z/d ULTRA に変更した。

治療・経過：初診時，鼓膜外側面凹部には黒色の分泌物が毛に絡んで堆積していた。把持鉗子とカテーテルを用いて清浄化した（図 4-6-13）。2 回目（11 日後）には，分泌物は激減し V 字部分のみとなり症状は軽減した（図 4-6-14）。3 回目（32 日後）には，耳道入口の爛れ

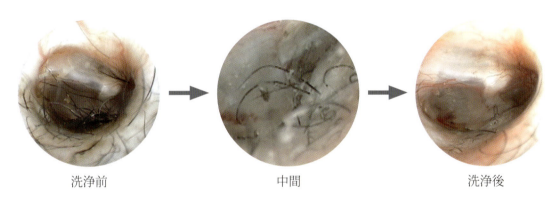

洗浄前　　　　　　中間　　　　　　洗浄後

図 4-6-13　初診日。3 か月

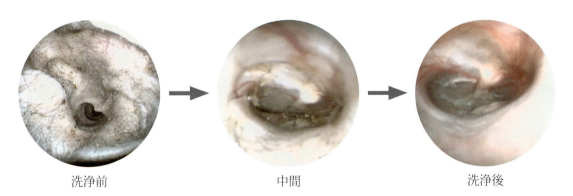

洗浄前　　　　　　中間　　　　　　洗浄後

図 4-6-14　11 日後（2 回目）

も軽減し分泌物は激減した（図4-6-15）。4回目（113日後）には，鼓膜外側面凹部の直立の毛が伸びてその根元には分泌物が固着していた。毛と分泌物を摘出して清浄化した（図4-6-16）。5回目（140日後）には，摘出した毛がまた伸びていた（図4-6-17）。このように148日後（6回目）から523日後（12回目），定期的な毛の切除と分泌物の摘出を続けている

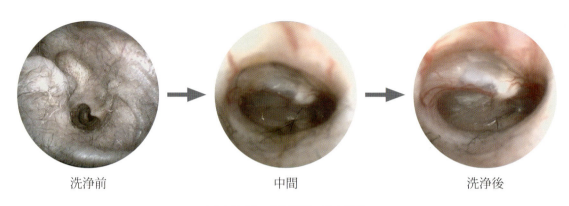

洗浄前　　　　　中間　　　　　洗浄後

図4-6-15　32日後（3回目）

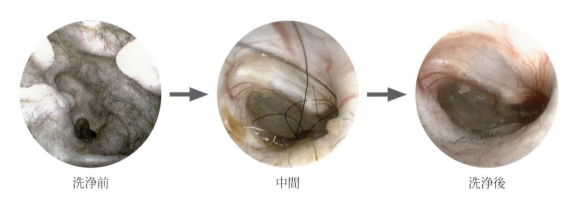

洗浄前　　　　　中間　　　　　洗浄後

図4-6-16　113日後（4回目）。7か月

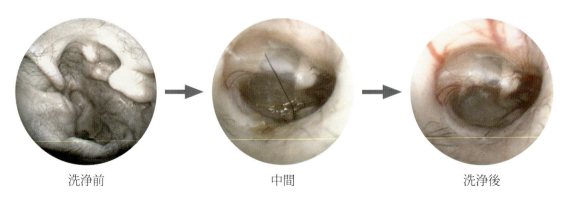

洗浄前　　　　　中間　　　　　洗浄後

図4-6-17　140日後（5回目）

（図 4-6-18 〜 4-6-24）。耳道と鼓膜周辺の修復とともに，耳道入口の肌理も改善した。症例2と同様，定期的な毛の処置が必要である。また耳炎の原因である食物アレルギーのコントロールが必要である。

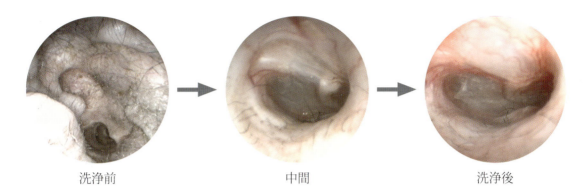

洗浄前　　　　　中間　　　　　洗浄後

図 4-6-18　148 日後（6 回目）アレルギー検査実施日

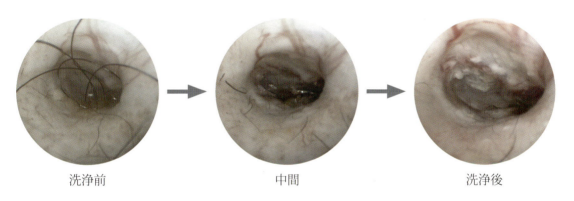

洗浄前　　　　　中間　　　　　洗浄後

図 4-6-19　266 日後（7 回目）

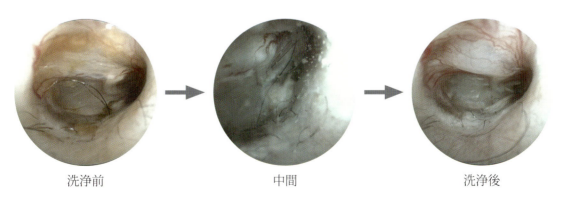

洗浄前　　　　　中間　　　　　洗浄後

図 4-6-20　309 日後（8 回目）

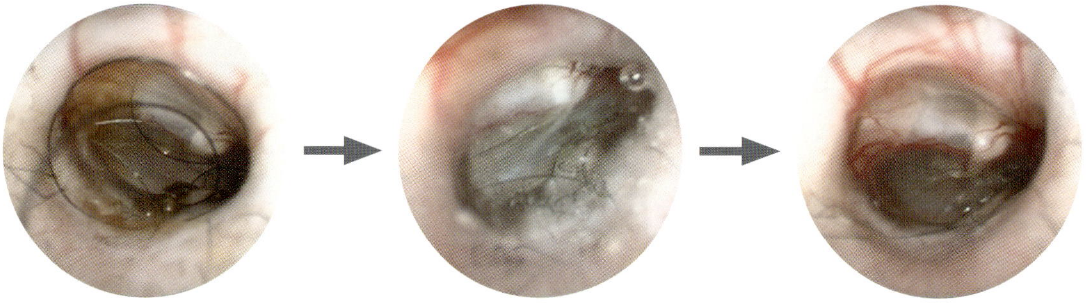

80　第4章　外耳炎の治療

洗浄前　　中間　　洗浄後

図 4-6-21　456 日後（9 回目）

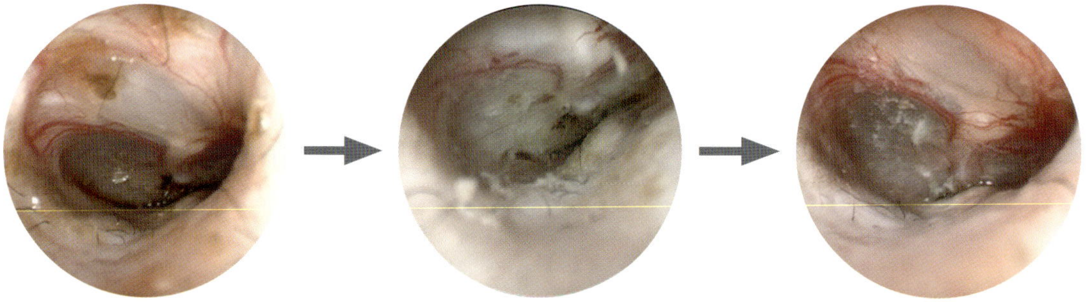

洗浄前　　中間　　洗浄後

図 4-6-22　471 日後（10 回目）

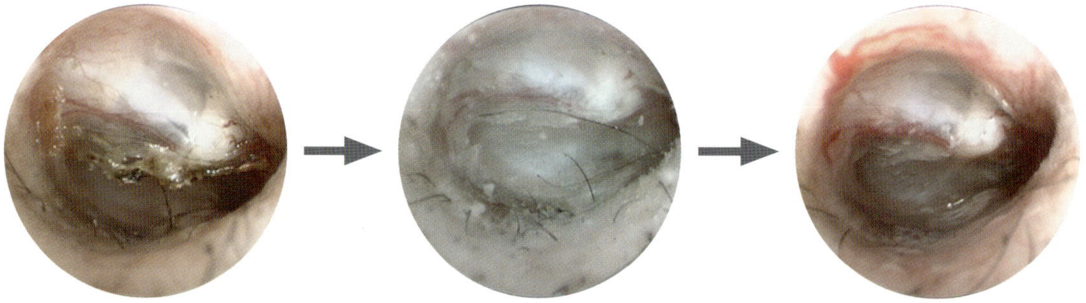

洗浄前　　中間　　洗浄後

図 4-6-23　491 日後（11 回目）

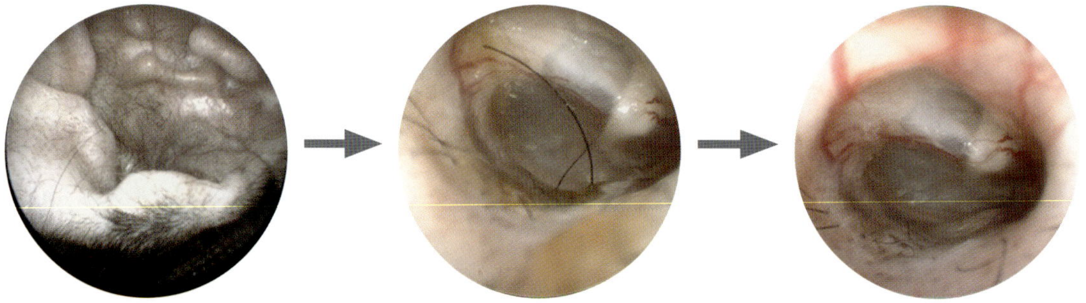

洗浄前　　中間　　洗浄後

図 4-6-24　523 日後（12 回目）

症例 4

去勢雄，13 歳，体重 4.26 kg。
毛のタイプ☞カールタイプ（両耳）
これまでの治療と現状：ビデオオトスコープ療法。トリミング時にカットした毛が鼓膜に付着し炎症を起こした。
初診時の細胞診：球菌(＋＋),マラセチア(＋＋＋)
細菌培養：
　検出菌：*Bacillus cereus*,
　　　　　Malassezia pachydermatis
アレルギー検査：トウモロコシに陽性を示した。
薬剤：
　全身療法　オルビフロキサシン，イトラコナゾール。
　局所療法　ビデオオトスコープ療法時のみ動物用ウェルメイト L3 の点耳。
　食事療法　z/d ULTRA に変更。
治療・経過：トリミング 1 週間後に耳炎のために来院した。手持ち耳鏡で鼓膜周辺を観察したが異常を見いだせなかった。そこで，ビデオオトスコープで検査すると多数の毛が鼓膜に付着していた（図 4-6-25）。把持鉗子で分泌物と鼓膜上の毛を摘出した。洗浄して清浄化すると耳炎は治癒した（図 4-6-25）。

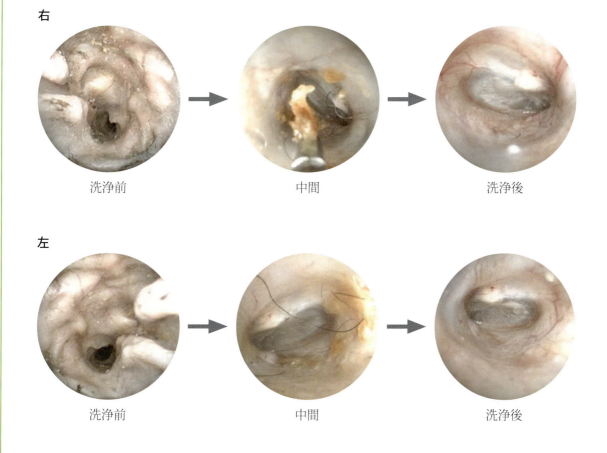

図 4-6-25　トリミング後：落下した毛。
【Movie 4-6-4（右耳），4-6-5（左耳）】

> **症例コメント**
>
> 　鼓膜外側面凹部の毛を丁寧に除去し鼓膜と耳道を清浄化すると治癒する。鼓膜外側面凹部の毛は時間の経過とともに成長するので，定期的な除去が必要である。
>
> **症例1**：耳垢腺が発達しているため分泌物が多く，毛と密着し微生物が増殖。
>
> **症例2**：鼓膜と直立した毛の間に分泌物が溜まり，排出が困難になり微生物が増殖。
>
> **症例3**：幼犬時に直立タイプであることが判明した。早期に鼓膜外側面凹部の毛を除去し，鼓膜周辺部を清浄化し，難治性になることを防ぐことができた。毛の数は徐々に減少した。しかし，飼い主は食物アレルギーがあることを受け入れがたく，治癒に時間がかかった。
>
> **症例4**：トリミング時に毛の脱落を防ぎ，かつトリミング後にビデオオトスコープ療法を実施することで，予防が可能となる。
>
> 　トイ・プードルにとって定期的なトリミングは不可欠である。一般的に耳道入口の毛を除去することは通常の手入れで行われている。この時，十分に注意していても，切った毛が耳道内や鼓膜に落下する。鼓膜や耳道は適度に湿潤していて，落下した毛は，そのままその場に留まってしまう。これに対して生体側は，毛を排除しようと分泌物の増加を引き起こす。その結果，炎症へと発展する。

Dog

7．キャバリア・キング・チャールズ・スパニエル

耳 道

　キャバリア・キング・チャールズ・スパニエルは外耳炎の好発品種である。垂直耳道は狭く短く水平耳道へと移行する。耳道入口が狭く耳道閉塞しやすい。アメリカン・コッカー・スパニエルと同様，耳炎になると耳介や対輪が腫大して耳道を塞ぎ（図4-7-1），トップラインが腫れて耳道閉塞する。内側対珠突起の奥が狭く毛が多いために炎症が長引き複雑化する（図4-7-2）。水平耳道入口の逆サイド側には毛が密集し分泌物が密着して炎症を長引かせることが多い（図4-7-3）。炎症により耳道内が爛れ狭窄しやすい（図4-7-4）。

鼓 膜

　耳道に対する鼓膜の角度は，平均的な45度よりやや広い。ツチ骨柄は太く明瞭である。鼓膜は丸みをおび，鼓膜全体に占める弛緩部の割合が多い。炎症を起こすと弛緩部が腫れ緊張部を覆うように腫大する。さらに骨性隆起があるため，鼓膜周辺の耳道が腫れると，鼓膜緊張部は確認しにくくなる。トップラインが腫大して耳道閉塞を起こしやすい。

毛のタイプ

　毛のタイプは直立のタイプが多い。直立タイプは鼓膜と耳道の間に分泌物が固着し炎症を惹起する（図4-7-5，4-7-6）。通常の洗浄では摘出困難で難治性となることが多い。把持鉗子で摘出すると良化する。カールタイプには遭遇していない。

骨性隆起

　軟骨輪（鼓膜と耳道の接合部）には骨が隆起した部分がある。これを骨性隆起とよぶ。
　キャバリア・キング・チャールズ・スパニエルは，他の品種と比べると大きく目立っている。ラインは狭い溝となり，この部分に汚れが溜まると摘出困難となり耳炎の火種となる。外耳炎から中耳炎になりやすい傾向がある。

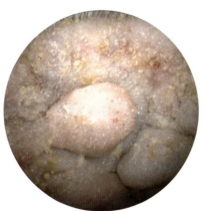

図4-7-1　耳介が腫れ，対輪が耳道入口を塞いでいる。

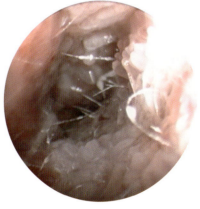

図4-7-2　内側対珠突起の奥が爛れている。

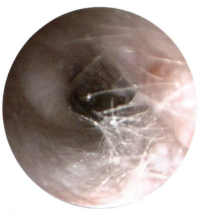

図4-7-3　逆サイド側の密集した毛。

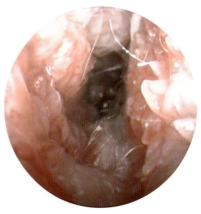

図4-7-4　耳道内が爛れている。

症例1

避妊雌，1歳7か月，体重6.6kg。
毛のタイプ☞直立タイプ（左耳）
これまでの治療と現状：常に耳を掻き，擦りつける行動が目立った。
初診時の細胞診：球菌（＋），マラセチア（＋＋）
細菌培養：陰性
アレルギー検査：ハウスダスト，ハウスダスト/ダニ，鶏肉，トウモロコシ，米，七面鳥，オートミール，玄米，ニシン，マグロに陽性を示した。
薬剤：
　全身療法　オフロキサシン，ケトコナゾール。
　局所療法　ビデオオトスコープ療法時のみA液の点耳。
　食事療法　アミノペプチドフォーミュラに変更。
治療・経過：初診時，耳道と鼓膜周辺に茶色の分泌物が固着していた（図4-7-5）。分泌物を取り除くと直立タイプの毛が観察され，毛と鼓膜の間に分泌物が固着していた（図4-7-6）。細胞診では球菌とマラセチアが検出されたが細菌培養検査は陰性であった。毛と分泌物を摘出して洗浄して清浄化した。トップラインが目立ち，耳道は狭窄した（図4-7-7）。ラインは細い溝となり分泌物が残存した。4回目（106日後）には，分泌物は減少したが，直立タイプの毛は伸び，毛の根元には再び分泌物が固着して耳炎は再燃していた（図4-7-8）。伸びた毛の先端にも分泌物が観察された。毛と分泌物を除去して清浄化した。定期的な毛の切除と清浄化により炎症は鎮静化し，29回目（894日後）には，ラインが広がった（図4-7-11）。

初診日

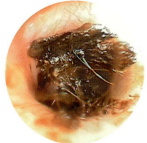

図4-7-5　鼓膜に茶色い分泌物が固着。

図4-7-6　直立タイプの毛。

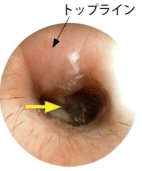

図4-7-7　黄色矢印はライン。

106日後　　　　　　　　　　　　　　　　　　　　　894日後

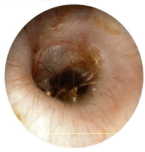

図4-7-8　直立タイプの毛の根元に分泌物が固着。毛の先端にも分泌物が移動している。

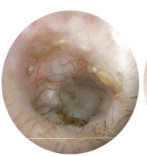

図4-7-9　直立タイプの毛を除去。

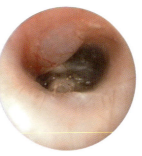

図4-7-10　清浄化した鼓膜，洗浄により腫れた。

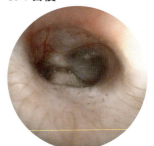

図4-7-11　ラインが広がった。

症例2

雌，12歳10か月，体重6.75kg
毛のタイプ☞直立タイプ（右耳）
これまでの治療と現状：近医にて，洗浄と点耳薬（黄色の軟膏）の塗布による治療が行われていた。抗菌剤とステロイド剤の内服が処方されていた。耳炎は幼犬時から続いていたとのことである。改善せずに当院を受診した。
初診時の細胞診：球菌（＋＋），マラセチア（＋）
細菌培養：
　検出菌：*Staphylococcus intermedius*
　　　　　（*Stap. pseudintermedius*）
アレルギー検査：コナヒョウヒダニ，ペニシリウム，牛乳，ジャガイモに陽性を示した。
薬剤：
　全身療法　セフポドキシムプロキセチル。
　局所療法　ビデオオトスコープ療法時のみA液の点耳。
　食事療法　z/d ULTRAに変更。
MRI・CT検査：耳道狭窄はあるが，鼓室には液体の貯留がない。
治療・経過：初診時，耳介は爛れて発赤し熱を帯びていた。対輪は腫れあがり耳道を塞いでいた（図4-7-12）。耳道内は狭窄し，耳道内に生えている毛と薬剤と分泌物とが混和し悪臭を放っていた（図4-7-13）。洗浄液を用いて丁寧に清浄化したが鼓膜は確認できなかった（図4-7-14）。4回目（7日後）には，対輪の腫れはやや減少し悪臭と分泌物も減った（図4-7-15）。耳道は少し開き，毛には分泌物が密着していた（図4-7-16）。小さな鼓膜が確認できた。鼓膜外側

初診日

図4-7-12　対輪が腫れている。

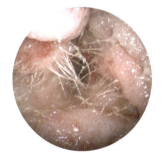

図4-7-13　毛と薬剤と浸出液が混和して悪臭を放っていた。

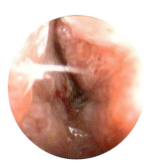

図4-7-14　耳道は爛れ鼓膜は確認できなかった。

7日後

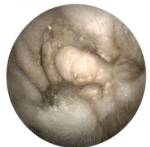

図4-7-15　腫れはやや減少。

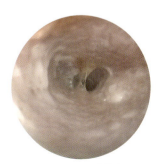

図4-7-16　耳道内の毛に分泌物が付着。

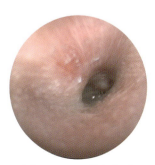

図4-7-17　直立タイプの毛と鼓膜が観察された。

面凹部には直立した毛が観察された（図4-7-17）。12回目（25日後）には，耳介の腫れはひき（図4-7-18），耳道の腫れも軽減し分泌物も減少した（図4-7-19）。鼓膜周辺の耳道の腫れもやや改善し，鼓膜弛緩部の血管が確認できるまでに回復した（図4-7-20）。

25日後

図4-7-18　腫れは減少。

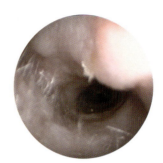

図4-7-19　耳道の腫れと分泌物は減少。

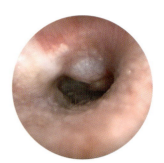

図4-7-20　鼓膜弛緩部の血管が確認された。

症例コメント

　キャバリア・キング・チャールズ・スパニエルの鼓膜の形は独特で（83頁参照），僅かな炎症でも確認しにくくなる。そのうえ，トップラインも腫大して，耳炎の比較的早期に耳道狭窄になりやすい。耳道が狭窄すると，水平耳道の入口で逆サイド側にある毛に，分泌物が固着し，耳炎の増悪を促進する。耳道の頻回の洗浄が有効である。

　鼓膜弛緩部が腫れて中耳炎を起こしている（原発性分泌性中耳炎）症例が報告されている。

8. ラブラドール・レトリーバー

耳　道

　耳道は広く垂直耳道から水平耳道への移行もすみやかである。耳道内が広く洗浄も簡単にできると思われがちだが，鼻梁は短いため鼓膜周辺の耳道は急に狭くなり炎症を起こしやすい。耳道内には毛が多数観察され抜けた毛が脱落していることが多い（図4-8-1）。

鼓　膜

　耳道に対する鼓膜の角度は平均的な45度である。鼓膜は大きく丸い。ツチ骨柄は太く明瞭である。鼓膜全体に占める弛緩部の割合は多く，炎症を起こすと弛緩部が腫大する。弛緩部が腫大すると血管は不明瞭になる（図4-8-2）。炎症が長引くとサイド*側の耳道がせり出し死角の部分が増えて毛や分泌物が溜まる。毛や分泌物を摘出すると耳炎は快方に向かう。鼓膜には毛と分泌物が付着していることが多い（図4-8-3）。骨性隆起があるものは少ない。

*筆者による呼称。「本書を読むにあたって」vii頁参照。

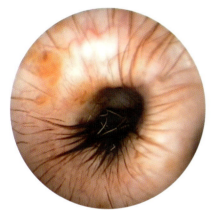

図4-8-1　耳道に多数の毛が脱落している。

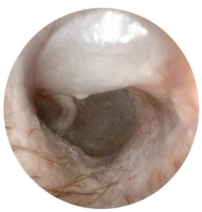

図4-8-2　弛緩部の血管が不明瞭。

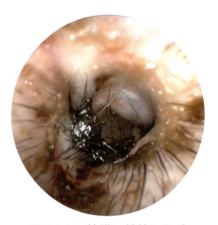

図4-8-3　鼓膜に付着した毛と分泌物。

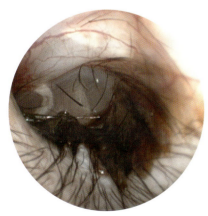

図4-8-4　流れるタイプの毛と分泌物。

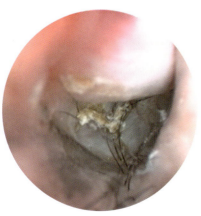

図4-8-5　直立タイプの毛が分泌物を押し上げている。

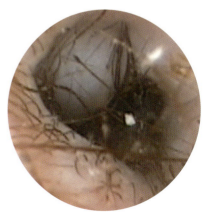

図4-8-6　直立タイプの毛が鼓膜緊張部を覆っている。

毛のタイプ

流れるタイプと直立タイプの毛が多い。毛と分泌物は合体して炎症を惹起し痒みを誘発する（図4-8-4）。直立タイプの毛は分泌物を押し上げていることが多い（図4-8-5）。また直立タイプの毛が鼓膜緊張部の大部分を覆った場合は伝音に何らかの影響を及ぼしていると思われる（図4-8-6）。カールタイプには遭遇していない。

アレルギー

耳炎の原因であるアレルギーをもつ個体が多い。食物アレルギーは療法食で対応できるが，環境因子を避けることは難しい。大型犬のため運動は不可欠で散歩を欠かすことが難しく，アレルゲンへの暴露をどのように防ぐかが課題である。

症例 1

避妊雌，3歳3か月，体重 23.1kg。

毛のタイプ☞流れるタイプ（右耳）

これまでの治療と現状：近医にて約2年前から洗浄と点耳薬による局所療法と，ときどき抗菌剤による全身療法を受けていた。痒みと分泌物が治まらず，しばしば発赤し激しい痒みに襲われていた。耳介が発赤したため当院を受診した。

初診時の細胞診：球菌（＋＋），マラセチア（＋＋）

細菌培養：

　検出菌：*Malassezia pachydermatis*

アレルギー検査：シラカンバ，ペニシリウム，牛肉，小麦，タラに陽性を示した。

　環境因子（シラカンバ）に陽性を示したため，多くのアレルゲンに反応する疑いがあった。そこでしばらくの間，外出禁止を指示した。

薬剤：

　全身療法　セフポドキシムプロキセチル，イトラコナゾール。

　局所療法　ビデオオトスコープ療法時のみ動物用ウェルメイトL3の点耳。

　食事療法　アミノペプチドフォーミュラに変更。

治療・経過：初診時，耳介は発赤し，耳道入口と耳道には茶色の分泌物がべっとりと固着して鼓膜全体を覆い隠していた（図4-8-7）。耳道洗浄とともに鼓膜上の分泌物を取り除いた。鼓膜弛緩部は腫れ血管は確認できず，緊張部とツチ骨柄の下方には損傷が認められた（図4-8-8）。3回目（9日後）には耳道内の分泌物は激減した（図4-8-9）。鼓膜には全体的に分泌物が固着していたが（図4-8-10），鼓膜弛緩部には血管が確認され緊張部の傷は修復していた（図4-8-11）。

初診日

図 4-8-7　茶色の分泌物が耳道に固着し鼓膜を覆っている。

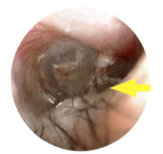

図 4-8-8　弛緩部が腫大。緊張部には損傷がある。

9日後

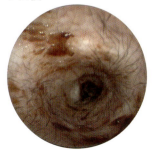

図 4-8-9　耳道内の分泌物は激減した。

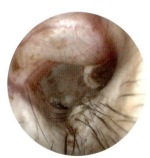

図 4-8-10　鼓膜全体に分泌物が付着している。

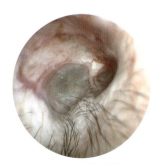

図 4-8-11　弛緩部の血管が確認，緊張部の損傷は治癒している。

症例2

雌，4歳，体重24.0kg。
毛のタイプ☞流れるタイプ（右耳）
これまでの治療と現状：1歳時から耳炎があった。近医にて食物アレルギーを指摘され治療を受けていた。除去食に変更してから耳炎は軽減したが，痒みは続き，常に耳を気にしているとのことである。治療は洗浄とマッサージであったが改善しなかったため当院を受診した。
初診時の細胞診：球菌（＋）
細菌培養：陰性
アレルギー検査：多くの草，雑草，樹木，真菌／カビ，ハウスダスト，鶏肉，大豆，小麦，大麦，マグロ，サケに陽性を示した。
薬剤：
　全身療法　スルファメトキサゾールとトリメトプリムの合剤。
　局所療法　ビデオオトスコープ療法時のみA液の点耳。
　食事療法　馬肉ポテト（株式会社アトリエパレット）に変更。

治療・経過：初診時，耳道入口には茶色の分泌物があった。耳道の奥，鼓膜との接合部にはたくさんの流れるタイプの毛と分泌物が耳道にそって流れるように固着していた（図4-8-12）。把持鉗子を用いて丁寧に毛と分泌物を除去した（図4-8-15）。サイドの上方，鼓膜弛緩部と耳道との接合部に毛が挟まって摘出しにくかった（図4-8-13）。除去した後，清浄化した。洗浄の刺激で鼓膜弛緩部は発赤した（図4-8-14）。2回目（5日後）には痒みは激減し，耳道入口

初診日

図4-8-12　流れるタイプの毛と分泌物が固着している。

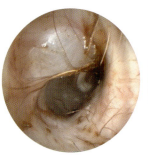
図4-8-13　毛が挟まっている。

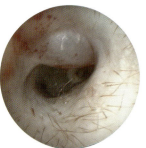
図4-8-14　洗浄の刺激で発赤した弛緩部。

図4-8-15　摘出した毛と分泌物。

5日後

図4-8-16　耳道入口はきれい。

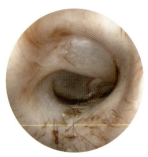
図4-8-17　鼓膜緊張部の下方に分泌物がある。

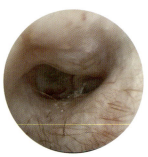
図4-8-18　洗浄すると分泌物のあった場所は発赤。

には分泌物がなかった（図4-8-16）。治癒したかに見えたが，耳道および鼓膜周辺には分泌物があった（図4-8-17）。分泌物を除去し洗浄したところ分泌物のあったところは発赤し，炎症が続いていた（図4-8-18）。3回目（16日後）には耳道の分泌物は激減した。鼓膜の6時方向には乾いた分泌物が少量存在した（図4-8-19）。洗浄して清浄化した。弛緩部の腫大は残ったが鼓膜は洗浄の刺激があっても発赤せず組織が健康的になった（図4-8-20）。

16日後

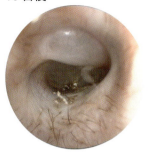
図4-8-19　分泌物は減少し乾燥している。

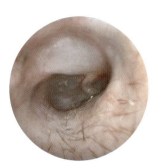
図4-8-20　健康的になった鼓膜。弛緩部の腫れは続いている。

症例コメント

　ラブラドール・レトリーバーは柴犬同様アレルギーの個体が多い。食事管理を徹底し外出を控えて環境因子による暴露を防ぐことで改善することもある。

　鼓膜外側面凹部の毛は流れるタイプの毛が多く，成長とともに毛が脱落し分泌物と合体して耳炎を誘発する。そこで鼓膜周辺の毛と分泌物を除去して清浄化することが必要である。耳道が広く，洗浄とマッサージが簡単と思われがちだが，洗浄により鼓膜周辺には汚染物が残留し，症例1のように鼓膜全体が分泌物で覆われてしまうことが多い。どんなに耳道入口が大きくても，鼓膜周辺には毛があるため，頭を振ってもすべての水分を外に排出することはできない。鼓膜周辺の水分は，ビデオオトスコープを用いて複数回排出しても僅かに残留することがあり，それが炎症の火種となることもある。とくに高温多湿の時期は要注意である。水遊びが好きな犬は鼓膜周辺の管理をすべきである。

　ラブラドール・レトリーバーの鼓膜弛緩部は腫大しやすく一度腫大すると元に戻りにくい。また線維軟骨付近の炎症が長期間続くと弛緩部の血管は不明瞭となり回復は遅れる。

　耳介や耳道入口が清潔に見えても鼓膜周辺に炎症があることが多い。痒みを訴える場合は，ビデオオトスコープによる精査が必要である。

9. ウェルシュ・コーギー・ペンブローグ

耳 道

　立耳で垂直耳道が広く大きい。耳道入口から垂直耳道，水平耳道へとすみやか移行する。運動性が高いうえに足が短く外界からの異物混入の機会が多い。土や小石や植物の種（ノギなど）が耳道内に侵入して炎症を起こすことがある（症例1）。春秋の毛の抜け替わりの時期には，体毛が耳道内に入り耳炎を惹起する（図4-9-1）。さらにシャンプー時に水分が入りやすく耳炎の原因となる（図4-9-2）。

　耳道内には毛が少なく耳道が広いため耳道閉塞は起きにくい。

鼓 膜

　耳道に対する鼓膜の角度は平均的な45度である。鼓膜はミニチュア・ダックスフンドと比べるとやや丸みを帯びている。ツチ骨柄は明瞭である。鼓膜には毛と分泌物が付着しその場で炎症を起こしていることが多い（図4-9-3）。異物が落下すると，不快感のために後肢で耳を掻く。体毛が太く剛毛なので，耳を掻くと鼓膜は容易に損傷する。耳根部のマッサージにより鼓膜を損傷することもある（図4-9-4）。骨性隆起があるものは少ない。

図4-9-1　耳道に多数の毛が脱落している。
【Movie 4-9-1】

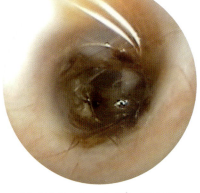

図4-9-2　シャンプー後の鼓膜。水分が貯留している。

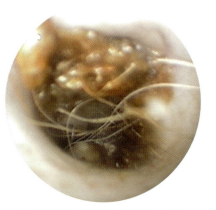

図4-9-3　鼓膜に付着した毛と分泌物。

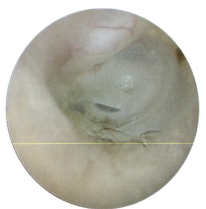

図4-9-4　鼓膜の損傷。
【Movie 4-9-2】

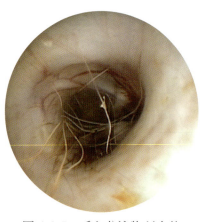

図4-9-5　毛と分泌物が合体して痒みを誘発している。

毛のタイプ

流れるタイプと直立タイプの毛が多い。毛と分泌物は合体して炎症を惹起し痒みを誘発する（図4-9-5）。カールタイプには遭遇していない。

体毛が耳道内に落下

耳道入口が大きく，体毛や異物（小石，ノギなど）が入りやすく耳炎を誘発する。

症例 1

雄，6歳，体重28.3kg。
毛のタイプ☞直立タイプ（右耳）
これまでの治療と現状：数か所の動物病院で治療を受けていたが治癒せず，当院を受診した。ビデオオトスコープ検査により右耳は外耳炎，左耳は中耳炎であることが判明した。ここでは外耳炎である右耳について報告する。数年前の秋から耳の異常があり痒みと分泌物があった。洗浄とマッサージと点耳薬による治療をうけていた。

なお，左耳が中耳炎だったため外出禁止を指示したが，運動性が高いことと排泄のために外出禁止は守られず，散歩を続けていた。

初診時の細胞診：球菌（＋），マラセチア（＋）
細菌培養：
　検出菌：*Malassezia pachydermatis*
アレルギー検査：アスペルギルス，牛肉，鶏肉，大豆，アヒル，サケ，ナマズ，ジャガイモに陽性を示した。

薬剤：
　全身療法　セフポドキシムプロキセチル，肝機能が悪かったため抗真菌剤の投与は行わなかった。
　局所療法　ビデオオトスコープ療法時のみ動物用ウェルメイト L3 の点耳。
　食事療法　z/d ULTRA に変更。

治療・経過：初診時，耳道内には多数の毛とノギが合わさり鼓膜に向かって突き刺さっていた（図 4-9-6, 4-9-7）。毛とノギを取り除くと，鼓膜外側面凹部には毛と茶褐色の分泌物がべっとりと固着していた（図 4-9-8）。把持鉗子を用いて毛と分泌物を取り除き洗浄液で清浄化した。鼓膜全体は爛れ，鼓膜弛緩部は腫れて発赤し血管は不明瞭だった。鼓膜緊張部は不透明で体毛とノギにより傷つけられていた（図 4-9-9）。3回目（10日後），耳道内の分泌物は激減した。鼓膜弛緩部は腫大し緊張部は不透明であった。V字には分泌物が固着していた（図 4-9-

初診日

図 4-9-6　毛とノギが鼓膜に向かって突き刺さっている。

図 4-9-7　耳道内に入り込んだノギ。

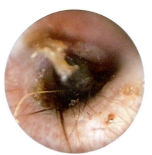

図 4-9-8　鼓膜外側面凹部の毛と分泌物。

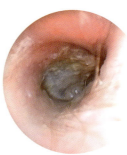

図 4-9-9　洗浄後の鼓膜。爛れている。

10)。洗浄したところ鼓膜外側面凹部の毛が直立タイプであることが判明した（図4-9-11）。直立タイプの毛を除去し洗浄して清浄化した。9回目（54日後）の鼓膜は弛緩部の腫大がや や軽減し血管は確認できるまでに回復した。緊張部もやや透明度が増していた（図4-9-12）。中耳炎である左耳の治療と同時に右耳も洗浄したため治療は頻回となった。

10日後

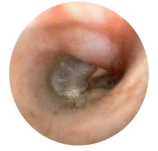
図4-9-10　Ｖ字には分泌物が固着している。

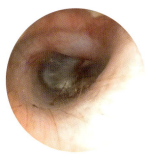
図4-9-11　鼓膜外側面凹部の直立した毛。

54日後

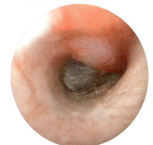
図4-9-12　回復中の鼓膜。

症例 2

避妊雌，9歳10か月，体重11.25kg。
毛のタイプ☞直立タイプ（左耳）
これまでの治療と現状：米国オハイオ州に4年間住み帰国した。健康診断のため近医を受診した。健康には自信があり耳は手持ち耳鏡により検査を受けたが，耳炎の指摘は受けなかったとのことである。耳介と耳道入口には常に分泌物があり，耳を後肢で掻いていることに疑念を抱き，念のため当院を受診した。
初診時の細胞診：球菌（+），桿菌（+）
細菌培養：
　検出菌：*Staphylococcus intermedius*
　　　　　（*Stap. pseudintermedius*）
アレルギー検査：飼い主の希望により実施せず。
薬剤：
　全身療法　オルビフロキサシン。
　局所療法　A液の点耳。

食事療法　z/d ULTRAに変更。
治療・経過：初診時，耳道入口はやや腫れ茶褐色の分泌物があった。鼓膜にはたくさんの毛が観察され弛緩部は腫大していた（図4-9-13）。鼓膜外側面凹部からはたくさんの毛と毛に絡んだ分泌物が摘出できた（図4-9-14）。すべての毛と分泌物を摘出すると，V字部分（鼓膜と耳道の境）は赤色であり鼓膜は損傷していた（図4-9-15）。3回目（16日後），耳道入口の分泌物は激減し腫れも軽減した（図4-9-16）。鼓膜周辺の分泌物も減少したがV字部分に体毛が1本あり，摘出して清浄化した（図4-9-17）。4回目（21日後）には耳道と鼓膜周辺の分泌物は激減した（図4-9-18）。弛緩部の腫大と耳道の変形は残ったがほぼ良好となった（図4-9-19）。

初診日

図4-9-13　体毛が落下し鼓膜に張りついている。

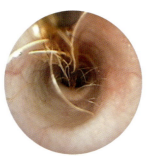

図4-9-14　毛と分泌物を把持鉗子で摘出している。

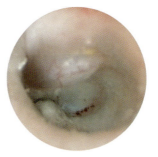

図4-9-15　V字部分に損傷。

16日後

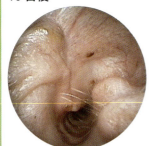

図4-9-16　耳道入口の分泌物は減少。

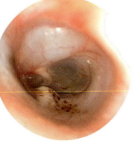

図4-9-17　鼓膜緊張部の下方に毛が1本ある。

21日後

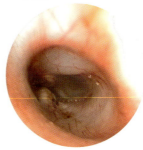

図4-9-18　分泌物は減少している。

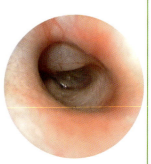

図4-9-19　清浄後の鼓膜。弛緩部は腫脹している。

> **症例コメント**
>
> ウェルシュ・コーギー・ペンブローグは立耳で活動的である。野外活動が多くノギなど植物の種子が耳道内へ落下することが多い。また体毛も太く剛毛で抜け落ちた毛が耳道内に落下して耳炎を起こす。そのため春秋の換毛時には耳道をビデオオトスコープで精査する必要がある。早期に毛を除去して清浄化すれば，耳道や鼓膜は比較的早く修復する。しかし症例1のように摘出までに時間がかかった場合は，鼓膜緊張部の修復に手間取ってしまう。また，強い力で耳を掻くと，鼓膜は脆弱化し比較的簡単に損傷してしまい，気づかずに外耳炎から中耳炎へと移行することが多い。

10. ヨークシャー・テリア

耳 道

ヨークシャー・テリアは，立耳で耳道入口はやや広い。耳炎とは無縁のように思われがちだが，耳道入口や耳道内には毛が密集して分泌物とからまり慢性化しやすい（図 4-10-1，4-10-2）。

鼓 膜

耳道に対する鼓膜の角度は平均的な 45 度である。鼓膜は標準的な小さな楕円形である。ミニチュア・ダックスフンドの鼓膜を小さくした形状である。炎症が起きると，弛緩部の血管は観察しにくい（図 4-10-3）。

毛のタイプ

毛のタイプは確認しにくい。

鼓膜周辺

耳道鼓膜外側面凹部は深く陥没している。耳道の奥，鼓膜周辺はドーム様の空間があり，分泌物が詰め込まれ慢性化しやすい（図 4-10-4）。

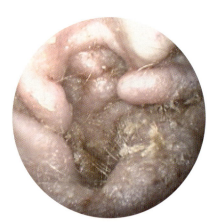

図 4-10-1　閉塞した耳道入口。

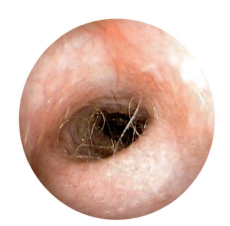

図 4-10-2　耳道内の毛。

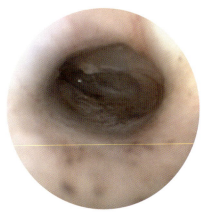

図 4-10-3　炎症時弛緩部の血管は不明瞭。

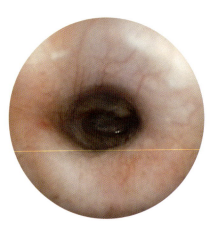

図 4-10-4　鼓膜周辺はドーム様。

症例 1

去勢雄，9歳7か月，体重 3.8kg。

毛のタイプ☞直立タイプ（右耳）

これまでの治療と現状：近医にて長期間（5年間）治療を受けていた。その治療法は，洗浄液を投入してマッサージを行い，抗菌剤の全身投与と耳への点耳薬が処方されていた。黄色分泌物と悪臭があり痒みが続き，とくに昨年の夏は悪化したとのことである。

初診時の細胞診：球菌（＋），桿菌（＋），マラセチア（＋＋）

細菌培養：

　検出菌：*Pseudomonas* sp.,
　　　　　Staphylococcus intermedius
　　　　　（*Stap. pseudintermedius*）（＋＋）

アレルギー検査：コナヒョウヒダニ，ペニシリウム，牛肉，大豆，トウモロコシ，タラ，米，小麦，ジャガイモに陽性を示した。

薬剤：

　全身療法　セフポドキシムプロキセチル，ケトコナゾール。

　局所療法　A液の点耳。

治療・経過：初診時には，耳道入口は毛で覆われ，黄色の分泌物がベトベトと毛に絡まって悪臭をはなっていた。毛を取り去り（図 4-10-5）耳道内を観察したところ，耳道にそって毛が丸まり多量の分泌物が詰め込まれていた（図 4-10-6）。鼓膜には毛が張り付いていた（図 4-10-7）。耳道と鼓膜の境には，毛が多数挟まっていた。摘出して清浄化した（Movie 4-10-1 参照）。4回目（31日後）には，耳道入口の腫れは減少し肌理も整ってきた（図 4-10-8）。耳道内の分泌物も減少し，鼓膜弛緩部の血管も明瞭になり緊張部の透明度も増して健康的な鼓膜になった（図 4-10-9）。鼓膜外側面凹部や死角部分から分泌物を摘出し，清浄化した（図 4-10-10）。

初診日

図 4-10-5　毛を除去した耳道入口。
【Movie 4-10-1】

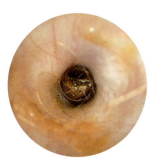

図 4-10-6　分泌物が詰め込まれた耳道。

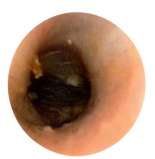

図 4-10-7　鼓膜に毛が張り付いていた。

31日後

図 4-10-8　耳道入口の腫れはやや軽減した。
【Movie 4-10-2】

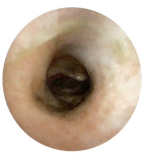

図 4-10-9　健康的な鼓膜になった。

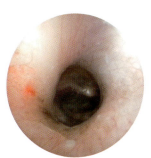

図 4-10-10　清浄化した鼓膜。

症例コメント

　耳道入口が比較的広く毛に覆われているため耳炎を見過ごしやすい。耳道と鼓膜の接合部付近は、ドーム状で鼓膜外側面凹部が深く窪んでいるため空間があり、この部分に分泌物が溜まり微生物の温床になりやすい（図4-10-11，4-10-12）。鼓膜と耳道の接合部にも多数の毛が挟まっていることがある（図4-10-13）。そのため犬は不快感や痒みに襲われ擦ったり掻いたりする。また前肢を舐めたりする。ストレスから異物を飲み込んでしまうこともある。これらの毛と分泌物を除去すれば耳炎は快方に向かう。

　炎症により、耳道閉塞を起こすことは少ないが慢性化し、耳道内に嚢腫ができることもある（図4-10-14）。

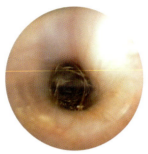

図4-10-11　毛と分泌物は微生物の温床となっている。

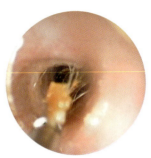

図4-10-12　把持鉗子を用いて毛と分泌物を摘出している。

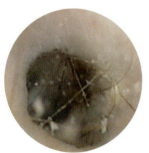

図4-10-13　鼓膜と耳道の間に多数の毛が挟まっている。

図4-10-14　耳道内にできた嚢腫。

11. チワワ

耳道

立耳だが，小型犬であるため耳道は細く狭い。耳道内には分泌物が詰め込まれやすく慢性化し中耳炎に移行しやすい（図4-11-1）。

鼓膜

耳道に対する鼓膜の角度は平均的な45度である。鼓膜は小さく奥まっていて観察しにくい。弛緩部の血管も観察しにくい。

毛のタイプ

毛のタイプは確認しにくい。直立タイプは悪化しやすい。

鼓膜周辺

耳道が細いため，洗浄液を入れてもすぐには鼓膜に到達せず，空気が排出されることがある（図4-11-5）。鼓膜損傷（中耳炎）の空気排出（図4-11-2）と混同しないよう注意する必要がある。

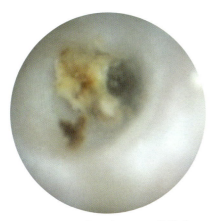

図4-11-1　中耳炎による分泌物。

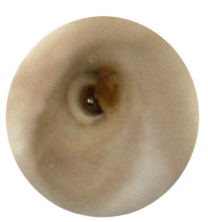

図4-11-2　中耳炎のため鼓室から空気が噴出。泡だけでは外耳炎と中耳炎の区別は不能。

症例1

去勢雄，8か月，体重1.35kg。
毛のタイプ☞直立タイプ（右耳）
これまでの治療と現状：購入時すでに，耳介と耳道入口には黄褐色の耳垢があった。耳を気にして振ったり掻いたりするので，飼い主は市販の洗浄液などで繰り返し耳を清拭したが，いっこうに改善せず，当院を受診した。分泌物と悪臭があった。
初診時の細胞診：球菌（＋），マラセチア（＋＋）
細菌培養：
　検出菌：*Staphylococcus intermedius*
　　　　　（*Stap. pseudintermedius*）（＋＋）
アレルギー検査：コナヒョウヒダニ，アスペルギルス，ペニシリウム，牛肉，鶏肉，小麦，大豆，トウモロコシ，アヒル，タラ，米，ジャガイモに陽性を示した。

薬剤：
　全身療法　セフポドキシムプロキセチル。
　局所療法　ビデオオトスコープ療法時のみV液*の点耳。
治療・経過：初診時，耳道入口には黄褐色の分泌物がこびりついていたが飼い主がふき取っていたとのことである（図4-11-3）。耳道には黄色の粘稠性の分泌物があった（図4-11-4）。分泌物を摘出後に洗浄液を投入したが鼓膜までは届かず，気泡が排出した（図4-11-5）。耳道が細く脂質が存在するためである。空気を排出し洗浄して清浄化した（図4-11-6）。2回目（7日後）には，耳道入口の分泌物は減少していた（図4-11-7）。耳道の分泌物は白色となり激減した（図4-11-8）。毛と分泌物を除去し清浄化した（図4-11-9）。

初診日

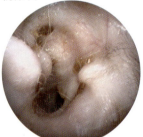

図4-11-3　耳道入口。飼い主が分泌物をふき取っていた。

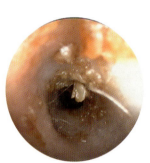

図4-11-4　耳道内の黄色の分泌物。

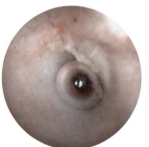

図4-11-5　耳道内の気泡。耳道が細いため，洗浄液が入りにくい。

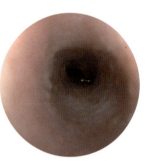

図4-11-6　清浄化した鼓膜。弛緩部が腫大している。

7日後

図4-11-7　耳道入口。分泌物は激減し腫れが引いた。

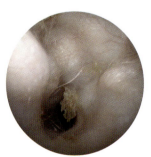

図4-11-8　耳道内の分泌物は激減し白色となった。

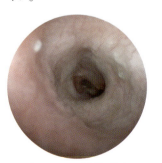

図4-11-9　清浄化した鼓膜，弛緩部の血管走行が確認できる。

---

*V液：注射用バンコマイシン塩酸塩…点滴静注用バンコマイシン0.5「MEEK」（Meiji Seikaファルマ株式会社）を注射用蒸留水で5倍に希釈。細胞侵襲性があるので，現在は使用していない。

第 4 章　外耳炎の治療

> **症例コメント**
>
> 耳道が細いため，洗浄や綿棒を用いた通常の治療法では，分泌物を耳道の奥に詰め込んでしまう。耳道が細いので，分泌物を詰め込みやすく，再発しやすい。
>
> シャンプー時に水分が鼓膜周辺に入ると，炎症の火種となる（図 4-11-10）。ビデオオトスコープ療法で鼓膜を清浄化すると耳炎は早期に治癒する。慢性化させないことが大切である。

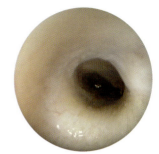

図 4-11-10　シャンプーによって鼓膜周辺に水分が貯留した。そのままでは，外耳炎に移行する。

12. ミニチュア・シュナウザー

耳 道

垂直耳道も水平耳道も比較的広いが，耳道内は入口から毛が密生している（図4-12-1）。耳炎になると毛に分泌物が絡まり瞬く間に悪化する。

鼓 膜

耳道に対する鼓膜の角度は平均的な45度である。鼓膜は大きくトイ・プードルに似ているが逆サイド側が丸みをおびている（図4-12-2）。弛緩部の血管はよく発達している（図4-12-3）。

毛のタイプ

毛のタイプは，流れるタイプと直立タイプが多い（図4-12-4）。

耳道の毛

耳道の長い毛が抜け落ちると耳炎になりやすい（図4-12-6）。

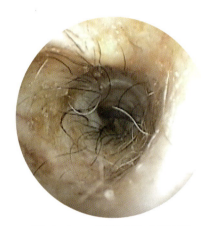

図4-12-1 耳道内は毛が密集している。

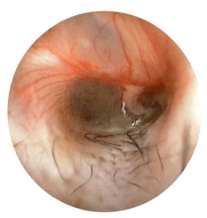

図4-12-2 鼓膜は逆サイドが丸い。

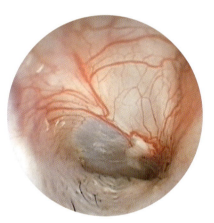

図4-12-3 弛緩部の血管は明瞭。

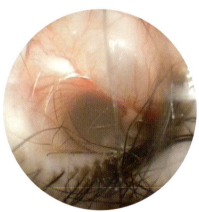

図4-12-4 直立タイプと流れるタイプをあわせもっている。

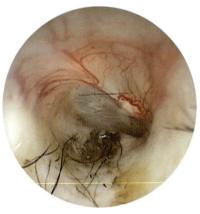

図4-12-5 流れるタイプ。

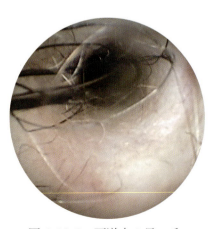

図4-12-6 耳道内の長い毛。

症例 1

避妊雌，1 歳 8 か月，体重 5.6kg。

毛のタイプ☞直立タイプ（左耳）

これまでの治療と現状：近医にて 1 年間治療を受けていた。局所は洗浄液とマッサージと点耳薬，全身的には抗菌剤の投与が行われていた。黄色の分泌物と悪臭が治まらず，徐々に悪化したため当院を受診した。

初診時の細胞診：球菌（＋），マラセチア（＋＋）

細菌培養：陰性（炎症が激しかったが細菌培養検査は陰性であった）。

アレルギー検査：多くの草，雑草，樹木，カビ，ハウスダスト / ダニ，鶏肉，米，大麦，玄米に陽性を示した。

薬剤：
　全身療法　セフポドキシムプロキセチル，ケトコナゾール。
　局所療法　ビデオオトスコープ療法時のみ A 液の点耳。

治療・経過：初診時，耳道入口には毛と黄色の分泌物がべっとりと張り付き，除去した（図 4-12-7）。耳道内は毛と分泌物で充満し，鼓膜周辺には黒い毛が固まっていた（図 4-12-8）。鼓膜周辺を清浄化したが，脆弱で少しの毛だけを摘出した（図 4-12-9）。2 回目（7 日後），分泌物の排出の勢いはすさまじく，耳道内はふたたび毛と分泌物でいっぱいになっていた（図 4-12-10）。分泌物の色は黄白色となり，鼓膜周辺の毛を摘出した（図 4-12-11，4-12-12）。4 回目（42 日後）には，耳道入口や耳道は改善した。きれいな鼓膜が観察され，ツチ骨柄の下方には直毛の剛毛が観察された。毛の根元には分泌物と脱落した表皮とが混在していた（図 4-12-13，4-12-14）。把持鉗子を用いて毛を除去して清浄化した。鼓膜弛緩部の血管は明瞭で緊張部の透明も良好となり健康的な鼓膜になった。少し炎症が残っているためレンズは曇った（図 4-12-15）。V 字の 1 本の毛は次回摘出することにした。

初診日

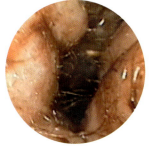

図 4-12-7　毛と分泌物を除去した耳道入口。腫れている。

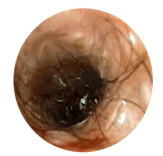

図 4-12-8　耳道内は毛と分泌物が充満している。

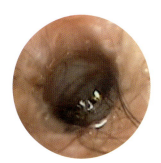

図 4-12-9　清浄化した鼓膜。毛は少し残っている。

7 日後

図 4-12-10　耳道入口。毛と分泌物で充満している。

図 4-12-11　鼓膜周辺の毛と分泌物。

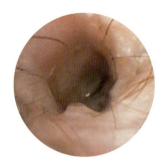

図 4-12-12　清浄化した鼓膜。弛緩部の血管走行は不明。緊張部は不透明。

42 日後

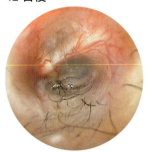

図 4-12-13　鼓膜弛緩部の血管は確認できた。

図 4-12-14　直立タイプの毛。3 回目に除去しているので短い。

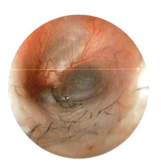

図 4-12-15　清浄化した鼓膜。

> **症例コメント**
>
> 耳道内は毛で覆われ，とくに長い毛が存在する。鼓膜周辺で耳炎が起きると，正常な上皮移動は行われず炎症は瞬く間に耳道内に蔓延する。とくに鼓膜外側面凹部の毛は太く長い。鼓膜周辺や耳道の毛をコントロールしなければ，耳炎は慢性化する（第 8 章 1.「1）症例 1」を参照）。耳炎により耳道閉塞を起こすことは少ない。

13. アメリカンカール

症例 1

雌，1歳5か月，体重4kg。室内飼育，同居猫4頭，犬2頭。

毛のタイプ☞流れるタイプ（右耳）

これまでの治療と現状：幼猫時から耳の分泌物があり，毎日ふき取っていた。現在も耳介と耳の入口が分泌物で汚れ悪臭があった。近医を受診しているが改善しないとのことである。

初診時の細胞診：球菌（＋），マラセチア（＋）

細菌培養：
　検出菌：*Pasteurella multocida*
　有効：PIPC，CEX，CPDX，AMK，TOB，MINO，OFLX，LFLX，FOM，ST

アレルギー検査：飼い主の意向により実施せず。

薬剤：
　全身療法　オルビフロキサシン。
　局所療法　ビデオオトスコープ療法時のみトブラシン点眼薬を点耳。
　食事療法　変更せず。

治療・経過：初診時，耳介と耳道入口は分泌物と汚れた毛で汚染され悪臭を放っていた（図4-13-1）。アメリカンカール独特の軟骨によって耳道の開口部は狭く，硬性鏡の挿入にはコツが必要であった。入口を通過すると耳道内には黄色の分泌物が多量に充満していた（図4-13-

初診日

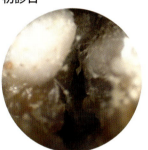

図4-13-1　耳道入口は狭い。分泌物が固着している。

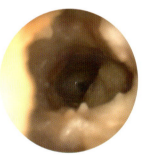

図4-13-2　膿性の分泌物が充満している。

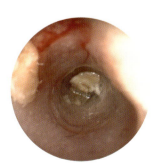

図4-13-3　鼓膜の前には分泌物が固着。

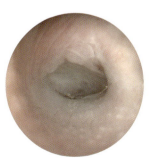

図4-13-4　清浄化した鼓膜。鼓膜弛緩部は見えない。緊張部は不透明で耳道は浮腫状でシワがよっている。

2)。鼓膜周辺には分泌物が固着し膿汁が蓄積していた（図 4-13-3）。丁寧に分泌物を除去すると白濁した鼓膜が観察された。弛緩部は確認できなかった。鼓膜外側面凹部の毛は流れるタイプで，Ｖ字には分泌物と毛が観察されカテーテルで除去し清浄化した（図 4-13-4）。2回目（5日後），分泌物は乾燥し白色となり激減した（図 4-13-5）。耳道内には膿性の分泌物はなく乾燥し痂皮が剥がれていた（図 4-13-6）。鼓膜周辺の耳道はやや修復し，鼓膜はやや透明になりわずかにツチ骨柄が確認できるまでに回復していた（図 4-13-7）。

5 日後

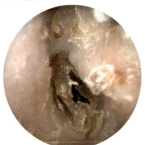

図 4-13-5　分泌物は減少し白色となった。

図 4-13-6　耳道内の膿性の分泌物はなくなった。

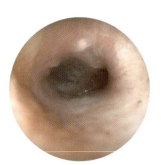

図 4-13-7　鼓膜はやや透明になりツチ骨柄が確認。

症例コメント

　アメリカンカールは外向きにカールした耳をもち，耳道入口は極端に狭い。耳介軟骨に皮膚が密着している。耳道入口が狭いうえに軟骨のために硬く，耳道内を観察しにくい。鼓膜と鼓膜周辺は他の品種と比べ丈夫で，炎症が著しい場合でも修復が早い。1回目の治療でＶ字を丁寧に清浄化したこと，鼓膜外側面凹部の毛が少なかったことが功を奏した。また細菌が耐性菌でなかったことが治癒を早めた。

　鼓膜外側面凹部の毛が直立タイプや細菌が耐性菌の場合は難治性になりやすい。

Cat

14. アメリカン・ショートヘアー

症例 1

雌, 3か月, 体重 1.55kg。【Movie 4-14-1】

毛のタイプ ☞ 不明（右耳）

これまでの治療と現状：ブリーダーから入手。ワクチン接種時にミミヒゼンダニの感染が判明し約1か月間治療を続けた。その治療法はイベルメクチンの点耳薬を1日1回, 動物用ドルバロン（トリアムシノロンアセトニド, ナイスタチン, 硫酸フラジオマイシン, チオストレプトン）の点耳を1日1回であった。しかし改善せず当院を受診した。

初診時の細胞診：球菌（＋）, マラセチア（＋＋）

細菌培養：

　検出菌：*Staphylococcus intermedius*
　　　　　（*Stap. pseudintermedius*）

　有効：CPDX, GM, AMK, TOB, CP,
　　　　OFLX, LFLX, CPFX, ST

　無効：PIPC, FOM

薬剤：

　全身療法　セフォベシンナトリウム注射。

　局所療法　ビデオオトスコープ療法時のみ動物用ウェルメイトL3の点耳。

治療・経過：初診時, 耳道入口には褐色, 耳道内には茶色の乾燥した分泌物が多数あり, ミミヒゼンダニは観察されなかった（図4-14-1）。鼓膜周辺の耳道の毛根には分泌物が固着しており鼓膜に向かって流れるように生えていた。鼓膜は耳道と同様の薄桃色で弛緩部と緊張部の区別はできず, あたかも新生物のように腫れあがっていた（図4-14-2〜4-14-4）。これまでの治療と点耳を禁止した。2回目（7日後）, 耳道の分泌物は著しく減少した。鼓膜周辺の耳道には毛に絡んだ分泌物が確認された（図4-14-5）。鼓膜周辺の毛には分泌物が絡まって, 単に洗浄しただけでは摘出できず, 時間をかけて把持鉗子とカテーテルで取り除いた。鼓膜の腫大は消失し弛緩部と緊張部が明瞭となった（図4-14-6）。緊張部には不透明な部分があり, 弛緩部も緊張部も肥厚していた（図4-14-7）。3回目（17日後）, には弛緩部, 緊張部の肥厚はやや減少したが, 緊張部が透明感をとりもど

初診日

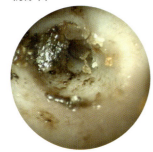

図4-14-1　耳道内の茶色の分泌物。

図4-14-2　耳道の奥。腫大していた。

図4-14-3　耳道の毛は鼓膜に向かって生えていた（洗浄液あり）。

図4-14-4　清浄化した鼓膜。

すにはさらに治療が必要と思われた（図4-14-8）。5回目（561日後）には，緊張部の透明度が増し，健康的な鼓膜になっていた（図4-14-9）。

7日後

図4-14-5　耳道分泌物は減少した。

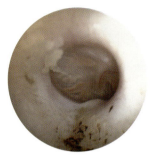

図4-14-6　鼓膜外側面凹部の毛は鼓膜に向かっていた。

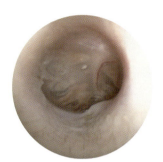

図4-14-7　肥厚した鼓膜。

17日後

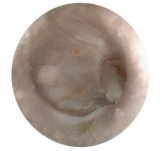

図4-14-8　分泌物は前回より減少した。

561日後

図4-14-9　健康的な鼓膜。

症例コメント

　ミミヒゼンダニの寄生による猫の耳炎は，激しい瘙痒と特徴的な黒褐色の分泌物によりワクチン接種時などに発見される。治療法は殺ダニ剤の塗布やイベルメクチンの全身投与でありミミヒゼンダニの寄生は早期に終息する。しかし，その後耳炎が延々と続くことが多い。

　初診時，耳道内と鼓膜にはミミヒゼンダニの寄生はなく腫大した鼓膜のみが観察された。これが鼓膜であると確認できるまでには，次の診察時までまたなければならなかった。鼓膜の腫大と変形は，点耳薬による刺激が原因であり鼓膜に付着した薬剤の撤去および清浄化により治癒に向かった。これらの鼓膜の異常と治療経過は，手持ち耳鏡ではまったく確認できなかった。鼓膜外側面凹部の毛は，鼓膜に向かって生えており，薬剤の排出を妨げた可能性がある。それにより鼓膜のより一層の損傷を招いたのではないかと推察される。2回目と3回目の治療後の鼓膜を比較すると，鼓膜の修復に手間取っており，一度受けた鼓膜の損傷は治癒するのに多くの時間を要すると考えられた。

第4章 外耳炎の治療

Cat

15. ミックス

症例1

去勢雄，5歳，体重4.4kg。室内飼育。【Movie 4-15-1】

毛のタイプ☞直立タイプ（左耳）
これまでの治療と現状：幼猫時にミミヒゼンダニ寄生の既往歴があった。5歳になる現在も耳介と耳の入口が分泌物で汚れ，痒みのために後肢で掻き近医を受診している。しかし耳介と耳道の汚れを除去するのみで完治せず，これ以上の治療法はないとのことで当院を受診した。
初診時の細胞診：球菌（＋），マラセチア（＋）
細菌培養：飼い主の意向により実施せず。
アレルギー検査：飼い主の意向により実施せず。
薬剤：
　全身療法　セフポドキシムプロキセチル，イトラコナゾール。
　局所療法　ビデオオトスコープ療法時のみ動物用ウェルメイトL3の点耳。
　食事療法　尿石症のため尿石症療法食に変更。

治療・経過：初診時，耳道入口は汚れて分泌物が付着していた。耳道内には茶色の硬い塊がぎっしりと詰まり耳垢塊となっていた（図4-15-1）。把持鉗子で塊を崩して摘出を試みたが硬く固まっていた。そこで洗浄液を投入して分泌物をふやかして丁寧に摘出した（図4-15-2）。分泌物を摘出すると鼓膜が確認できた（図4-15-3）。緊張部は2か所発赤し傷ついていた。鼓膜のV字部分には溝があり，分泌物が多数入り

初診日

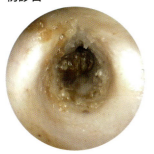

図4-15-1　耳道内の耳垢塊。

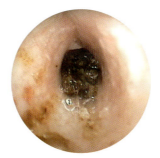

図4-15-2　洗浄液でふやかしている。

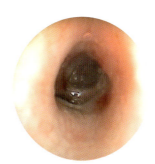

図4-15-3　鼓膜が確認された。

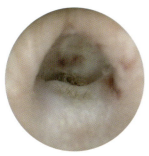

図4-15-4　鼓膜緊張部の2つの傷，V字部分の分泌物，直立タイプの毛がある。

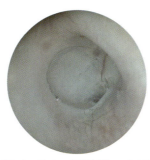

図4-15-5　同時期の右耳の鼓膜。直立タイプの毛も耳垢塊もなかった。

込んでいた。この部分に挟まっている分泌物を丁寧に除去した。鼓膜外側面凹部には直立した毛が多数観察された（図4-15-4）。右耳には直立タイプの毛はなく耳垢塊もなかった（図4-15-5）。2回目（16日後），耳道には前回と同色の分泌物があり，減少していた（図4-15-6）。清浄化後，鼓膜緊張部は不透明であったが2か所の傷は回復していた（図4-15-7）。耳道はまだ肌理が粗かった（図4-15-8）。3回目（52日後）には耳道入口の分泌物はほとんどなくなった。しかし依然として耳道には分泌物があった（図4-15-9）。鼓膜直前の耳道にも僅かに分泌物が存在したが緊張部は透明度を増し修復しつつあった（図4-15-10）。清浄化すると鼓膜外側面凹部の毛は復活していた。また，ぬけ*も観察された（図4-15-11）。

---

*筆者による呼称。「本書を読むにあたって」viii頁参照。

16日後

図4-15-6　分泌物は減少した。

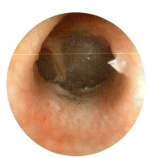

図4-15-7　鼓膜緊張部の傷は修復していた。

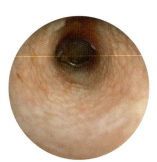

図4-15-8　耳道の肌理は粗い。

52日後

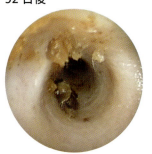

図4-15-9　分泌物は前回より減少した。

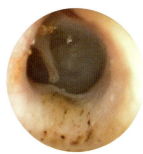

図4-15-10　鼓膜外側面の耳道には分泌物がある。

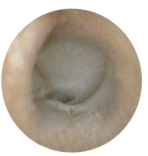

図4-15-11　直立タイプの毛は回復している。

> **症例コメント**
>
> 　ミミヒゼンダニの感染は幼猫時に多く観察される。通常はミミヒゼンダニの駆除により耳炎は終息されると考えられがちだが，鼓膜周辺での炎症は延々と続く場合が多い。とくに鼓膜外側面凹部の毛が直立タイプの場合は，耳垢塊（栓）が形成されることが多い。これに対して，右耳の鼓膜外側面凹部には直立タイプの毛はなく（図4-15-5），耳道や鼓膜周辺には分泌物は少なく耳垢塊はなかった。犬と同様，猫においても鼓膜外側面凹部の毛は，分泌物の形成に大きく影響する。3回目の治療時にも直立した毛は復活しており，この部分は定期的な検査と治療が必要である。
>
> 　慢性化した場合にはV字部分に分泌物が貯留して炎症が続く。この部分に詰まった分泌物は，カテーテルを用いて丹念に摘出し清浄化すると耳炎は治癒に向かう。耳炎を終息させるためにはミミヒゼンダニ駆除とともに耳道と鼓膜を清浄化することが必要である。
>
> 　今回，残念なことに細菌培養を実施していない。実施していれば適切な全身療法が可能で治療期間が短縮したと思う。

16. スコティッシュ・フォールド

症例 1

避妊雌，5歳11か月，体重3.05kg。
毛のタイプ☞直立タイプ（左耳）
これまでの治療と現状：知人から成猫を入手。前の飼い主から耳の分泌物があることを聞かされていた。猫はしきりに耳を掻き，飼い主に耳を擦り付けてくるとのことである。入手直後に健康診断を目的に当院を受診した。
初診時の細胞診：球菌（＋）
細菌培養：陰性
薬剤：
　全身療法　セフォベシンナトリウム注射。
　局所療法　ビデオオトスコープ療法時のみトブラシン点眼薬の点耳。

治療・経過：初診時，耳道入口には少量の分泌物と多数の毛が付着していた（図4-16-1）。耳道内には黄色の分泌物があり，鼓膜には多数の体毛が張り付いていた（図4-16-2）。把持鉗子を用いて毛を摘出した後，洗浄して清浄化した。数本の毛は摘出できず鼓膜の表面に残った。鼓膜周辺の耳道の一部は刺激により発赤した（図4-16-3）。2回目（5日後），鼓膜外側面凹部の毛の根元には分泌物が付着していた（図4-16-4）。V字には分泌物が貯留しており，慎重に摘出して清浄化した（図4-16-5）。3回目（37

初診日

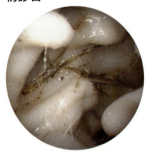

図4-16-1　耳道入口には毛が多数密着。

図4-16-2　鼓膜には多数の毛が密着。

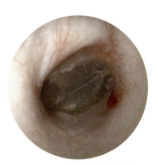

図4-16-3　毛を摘出し清浄化した鼓膜。耳道は刺激で発赤。

5日後

図4-16-4　耳道分泌物は減少し鼓膜表面には残留した毛が密着。

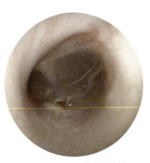

図4-16-5　V字を洗浄。

日後），耳道の分泌物は減少したが線維軟骨輪に沿って分泌物が付着していた（図4-16-6）。鼓膜の表面に密着していた毛は洗浄により剥がれた。耳道と鼓膜を清浄化した（図4-16-7）。その後，耳を掻く動作はなくなった。

37日後

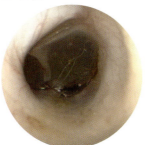

図4-16-6　分泌物はV字にそって存在。

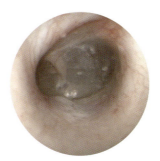

図4-16-7　健康的な鼓膜。

症例コメント

①成長期はもちろん，中年期以降の猫の鼓膜上には毛が落下している。鼓膜と耳道の間にも毛が挟まれていることがある。毛は鼓膜と耳道の接合部に入り込んで見えないこともある。毛の刺激による不快感から猫は耳介を掻き耳介に脱毛を認める。【Movie 4-16-1】
②毛の摘出には熟練が必要である。摘出時に鼓膜を損傷しないこと。
③毛は絡まっているので，ある一点を掴むと摘出しやすい。
④Ｖ字には分泌物が溜まっているので慎重に摘出する。

スコティッシュ・フォールドに限らず他の品種でも中年期以降の猫の耳には体毛が落下し鼓膜上に集積することが多い。集積した体毛が原因で耳を掻き炎症を激化する。毛は互いに絡まり合いながら存在している。時として鼓膜に密着している面積が大きい毛は，鼓膜の粘稠性により摘出困難な場合がある。その場合は，7日ぐらい後に洗浄すると毛が動き出して摘出しやすくなる。鼓膜に損傷を与えないように摘出するには技術が必要である。Ｖ字には分泌物が溜まっているので慎重に摘出する。この分泌物を摘出すると耳炎は快方に向かう。長い間，猫が掻いていた場合は，鼓膜やＶ字は脆弱となり，カテーテルの刺激によっても損傷しやすい。細心の注意が必要である。外部からのマッサージにより簡単に鼓膜は損傷するが，手持ち耳鏡では確認が困難である。鼓膜の毛を除去すると耳介の脱毛も治癒する。

第5章
中耳炎の症例

1．鼓膜が再生可能であった症例

1）症例1　犬　右耳

ミックス，去勢雄，14歳4か月，体重14.8kg。飼育は屋外。【Movie 5-1】

（1）これまでの治療と現状

長期間（10年以上）耳炎を患い近医にて治療を受けていた。局所は，洗浄液を用いてマッサージを行い，点耳薬はそのときどきにより異なる液体や軟膏が処方されていた。また抗菌剤とステロイド剤の全身投与が行われていた。

当院に上診する直前の局所薬はテピエローション，モメタオティック。全身療法はシプロキサン，プレドニゾロン。改善せず当院を受診した。

（2）初診時の細胞診

球菌（++），マラセチア（+）

（3）細菌培養

検出菌：*Staphylococcus intermedius*
　　　　（*Stap. pseudintermedius*）
有効：PIPC，CPDX，GM，AMK，TOB，OFLX，CPFX，FOM，ST

（4）アレルギー検査

飼い主の意向により実施せず。

（5）薬　剤

全身療法：入院中（4日間）はアミカシン点滴IV，その後セフポドキシムプロキセチル，ケトコナゾール。
局所療法：ビデオオトスコープ療法時のみA液*の点耳。
食事療法：z/d ULTRAに変更。

（6）中耳炎の診断

右耳の鼓膜損傷。

（7）治療・経過

初診時，斜頸（右）が認められた。安静と空調管理が必要のため4日間入院加療した。

耳道入口は点耳薬と分泌物が合体し耳道入口を塞ぎ悪臭を放っていた。耳道内は狭窄し黄褐色の分泌物が充満していた（図5-1）。洗浄すると鼓膜付近から気泡が数個排出した（図5-2）。鼓膜周辺には幾重にも多数の毛と分泌物が詰まっており摘出して清浄化した。鼓膜弛緩部は腫大し血管は不明瞭あり緊張部の一部，5時方向が欠損していた（図5-3）。

2回目（3日後），耳道狭窄はやや改善していた。分泌物は激減し耳道には多数の乾いた黄色い痂皮が観察された（図5-4）。痂皮を摘出し洗浄すると痂皮が舞いあがった（図5-5）。洗浄後，鼓膜緊張部は不透明となり欠損は明瞭となった（図5-6）。

3回目（10日後）退院後の初めての受診。斜

---

*A液：アミカシン硫酸塩注射液…アミカマイシン注射液100mg（明治製菓株式会社）1mlを人工涙液マイティア点眼液（千寿製薬株式会社）5mlに混和。

第 5 章 中耳炎の症例

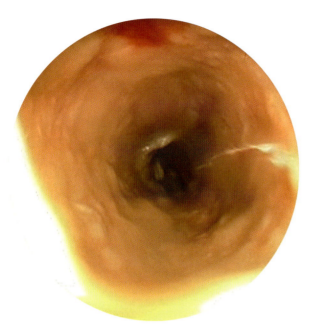

図 5-1　症例 1（初診日）
耳道内は狭窄し黄褐色の分泌物が充満。

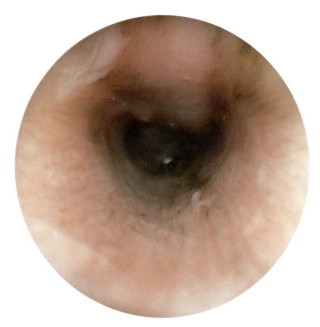

図 5-3　症例 1（初診日）
5 時方向が欠損。

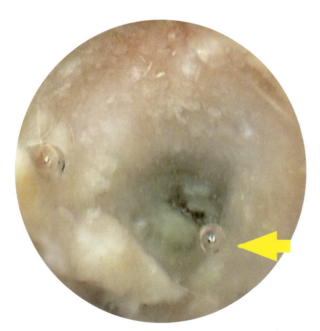

図 5-2　症例 1（初診日）
鼓膜付近から気泡（矢印）が排出。

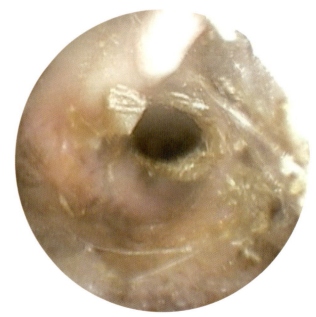

図 5-4　症例 1（3 日後）
黄色い痂皮が認められる。

第 5 章　中耳炎の症例　119

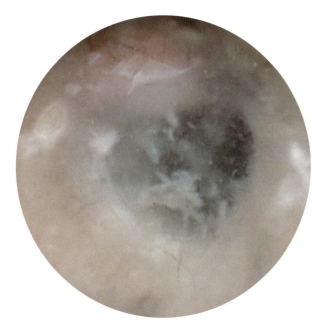

図 5-5　症例 1（3 日後）
洗浄により舞いあがった痂皮。

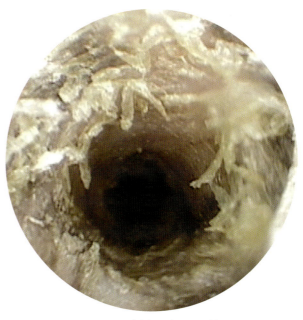

図 5-7　症例 1（10 日後）
耳道には多くの痂皮が観察。治癒の過程で乾燥して痂皮が剥がれていく。過去にステロイド剤を多用した場合に認められることがある。

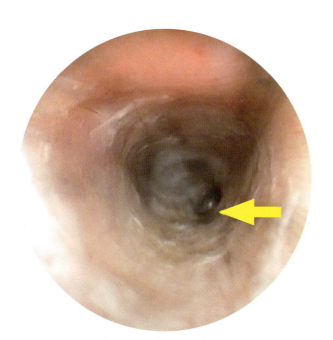

図 5-6　症例 1（3 日後）
5 時方向の欠損が明瞭となる。

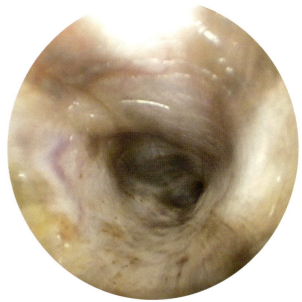

図 5-8　症例 1（10 日後）
鼓膜緊張部の欠損は陥没して修復。

頸は改善していた。耳道入口には多くの痂皮が観察された（図 5-7）。耳道はさらに開き，鼓膜周辺の耳道は修復しつつあった。鼓膜緊張部の欠損は陥没して修復した（図 5-8）。耳道の表皮は鼓膜外側面凹部*から修復した。耳道入口の表皮は修復するまでに時間を要するので，健康状態を維持するためには継続治療が必要である。

*筆者による呼称。「本書を読むにあたって」vii 頁参照。

(8) コメント

手持ち耳鏡では外耳炎と中耳炎の区別は不可能である。外耳炎として治療されている中に中耳炎が含まれている。外耳炎と中耳炎の治療法は異なるため，正確な診断が不可欠である。

> ①鼓膜緊張部の欠損は10日後に修復した。
> ②鼓膜周辺部の清浄化が重要（毛と分泌物が詰まっている）。
> ③耳道は鼓膜周辺から耳道入口に向かって修復してくる。
> ④耳道入口はいまだ，修復には至っていないためさらなる治療が必要である。
> ⑤ステロイド剤や消炎剤は使用しない。

治療経過が10年を超すため初期の原因は不明である。鼓膜周辺には多数の毛と分泌物が存在し，それらを徹底して除去し清浄化に成功したこと，感染していた菌が耐性菌ではなく抗菌剤が有効に作用したこと，入院管理により初期治療を徹底したことが治療を成功させたと考える。

2）症例2 犬 右耳

柴犬，避妊雌，7歳1か月，体重13.2kg。昼は屋外，夜は屋内飼育。

（1）これまでの治療と現状

近医にて治療を受けていた。その治療法は，マスキン水で洗浄してマッサージを行い，点耳薬はそのときどきにより異なる液体を使用。抗菌剤とステロイド剤の全身投与が行われていた。耳を振る・掻く行動が改善しなかった。いままでの治療に満足せず当院を受診した。

（2）初診時の細胞診

球菌（＋＋），マラセチア（＋）

（3）細菌培養

検出菌：*Staphylococcus intermedius*
　　　　（*Stap. pseudintermedius*）

有効：CPDX, GM, AMK, TOB, OFLX, LFLX, FOM, ST
無効：PIPC

（4）アレルギー検査

飼い主の意向により実施せず。

（5）薬　剤

全身療法：スルファメトキサゾールとトリメトプリムの合剤。
局所療法：ビデオオトスコープ療法時のみA液の点耳。
食事療法：アミノペプチドフォーミュラに変更。

（6）中耳炎の診断

洗浄によるさらなる耳道狭窄，鼓膜確認不能。

（7）治療・経過

初診時，耳道入口は清潔であり，手持ち耳鏡検査では耳道の分泌物は確認できなかった。ビデオオトスコープでは黄白色の乾いた分泌物が多数確認された。鼓膜周辺の耳道は狭窄して暗く鼓膜は確認できなかった（図5-9）。把持鉗子を用いて

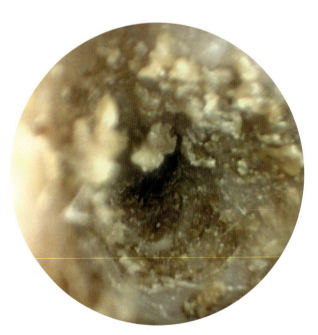

図5-9　症例2（初診日）
黄白色の乾いた分泌物。

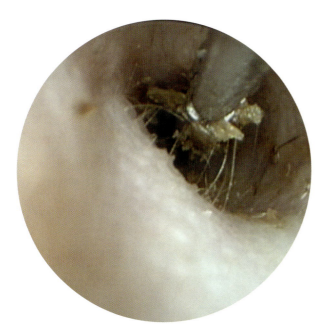

図5-10 症例2（初診日）
把持鉗子を用いて分泌物を摘出。

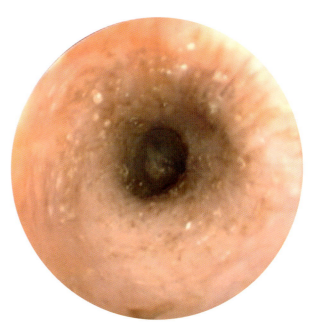

図5-12 症例2（4日後）
鼓膜らしきものが確認。

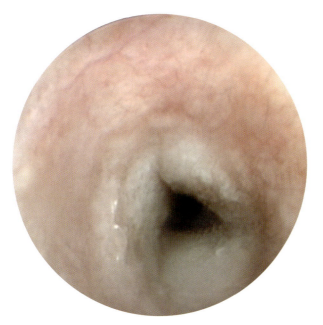

図5-11 症例2（初診日）
洗浄後に耳道狭窄が進んだ。

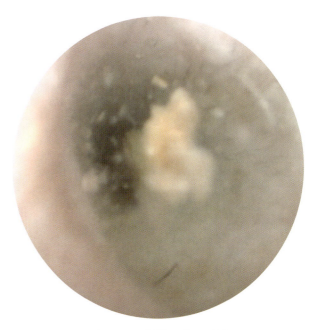

図5-13 症例2（4日後）
分泌物を摘出。

分泌物を摘出すると多数の毛が混じっていた（図5-10）。洗浄すると耳道が爛れているのが明らかになった。洗浄によりさらに耳道狭窄が進んだ（図5-11）。

2回目（4日後），耳道内の分泌物は黄褐色に変化し激減した。耳道の腫れは緩和して鼓膜らしきものが見えた（図5-12）。洗浄により奥から多くの分泌物と毛が排出された（図5-13，5-14）。洗浄後に鼓膜が確認できた。ツチ骨柄は確認できなかった。鼓膜弛緩部は発赤して血管は不明瞭で

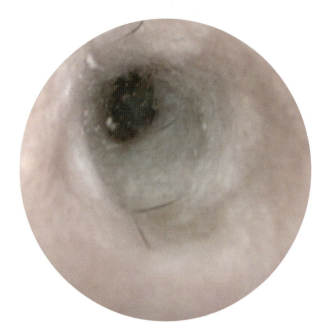

図5-14 症例2（4日後）
多数の毛が排出。

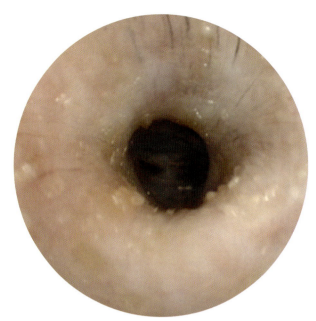

図5-16 症例2（10日後）
柴犬特有のドーム状に変化。

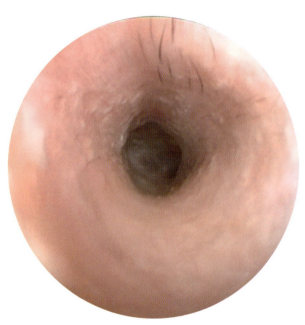

図5-15 症例2（4日後）
鼓膜弛緩部は発赤している。

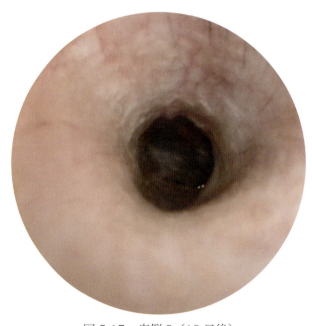

図5-17 症例2（10日後）
鼓膜の修復が進み，鼓膜緊張部の損傷が明瞭になった。

あり緊張部は不透明で一部は発赤して損傷の可能性があった（図5-15）。

3回目（10日後），耳道の分泌物は減少し白色を帯びていた。耳道の狭窄はさらに緩和し鼓膜周辺は柴犬特有のドーム状に変化してきた（図5-16）。ツチ骨柄が確認でき，鼓膜弛緩部も確認できるまでに回復した。緊張部の損傷の部位は明確となった。損傷の周りは白濁し，それ以外は透明度が増して修復へと向かった（図5-17）。

(8) コメント

　手持ち耳鏡では耳道の分泌物の詳細は確認しにくい。とくに柴犬の鼓膜周辺はドーム状で奥行があり（第4章「5.柴犬」参照），死角部分が多いため中耳炎を外耳炎と誤診する可能性が高い。また手持ち耳鏡では回復して見えてしまうことがあり，回復途中で通常の洗浄を行いたいという誘惑にかられることがある。この時点で通常の洗浄を行うと炎症がぶり返して悪化するので細心の注意が必要である。

①手持ち耳鏡では死角が多い。
②通常の洗浄では分泌物や毛を鼓膜周辺に詰め込んでしまう。
③詰め込まれた分泌物や毛は把持鉗子で摘出する。
④完全な鼓膜修復に至っていない段階で通常の洗浄を行うとぶり返す。
⑤ステロイド剤や消炎剤は使用しない。

2．鼓膜が再生されなかった症例

1）症例3　犬　右耳

　ゴールデン・レトリーバー，避妊雌，7歳6か月，体重26kg。屋内飼育。

(1) 毛のタイプ

　直立タイプ。

(2) これまでの治療と現状

　1歳時（2000年）すでに外耳炎の徴候があり通常の治療（綿棒による分泌物の除去と抗菌剤の内服）を行っていたが，再発を繰り返し完治しなかった。その後，飼い主による売薬を使っての処置が続いていた。7歳6か月時（2008年）分泌物が増加したため，再度当院を受診した。

(3) 気になる既往歴

　1歳1か月時，8種混合ワクチン後に注射部位が硬結した。

(4) 初診時の細胞診

　球菌（++），マラセチア（+）

(5) 細菌培養

検出菌：*Staphylococcus aureus*（MRSA）

有効：AMK
無効：PIPC, ABPC, CEZ, CEX, CMZ, CPDX, GM, MINO, OFLX

　その後の細胞培養結果は表5-1に示す。

(6) アレルギー検査

　多くの草，雑草，樹木，ハウスダスト，ハウスダスト/ダニ，鶏肉，米，七面鳥，オートミール，玄米，ナマズに陽性を示した。

(7) 薬　剤

全身療法：そのときどきにより抗菌剤を選択。初診時はスルファメトキサゾールとトリメトプリムの合剤，ケトコナゾール。
局所療法：ビデオオトスコープ療法時のみトブラシン点眼薬の点耳。そのときどきにより様々な点耳薬を滴下。
食事療法：z/d ULTRAに変更。後にアミノペプチドフォーミュラに変更。さらに高齢化に伴いz/d ULTRAに変更した。

(8) 中耳炎の診断

　鼓膜緊張部の欠損。

表 5-1　細胞培養の結果

洗浄回	検出菌	有効	無効
2回目	Staphylococcus（コアグラーゼ陰性）	PIPC, CEZ, CEX, AMK, OFLX	ABPC, GM, MINO
3回目	陰性		
6回目	陰性		
33回目	陰性		
34回目	Staphylococcus saprophyticus	GM, AMK, TOB, OFLX, LFLX, CPFX, ST	PIPC, CPDX, FOM
35回目	Staphylococcus intermedius (Stap. pseudintermedius)	PIPC, CPDX	GM, AMK, TOB, OFLX, LFLX, CPFX, FOM, ST
36回目	Staphylococcus intermedius (Stap. pseudintermedius)	PIPC, CPDX	GM, AMK, TOB, OFLX, LFLX, CPFX, FOM, ST
37回目	Staphylococcus intermedius (Stap. pseudintermedius)	PIPC, CPDX	GM, AMK, TOB, OFLX, LFLX, CPFX, FOM, ST
40回目	陰性		
42回目	Staphylococcus intermedius (Stap. pseudintermedius)	PIPC, CPDX	GM, AMK, TOB, OFLX, LFLX, CPFX, FOM, ST
43回目	Staphylococcus intermedius (Stap. pseudintermedius)	ABK, VCM, TEIC, MUP, LZD	PIPC, CPDX, GM, AMK, TOB, OFLX, LFLX, CPFX, FOM, ST

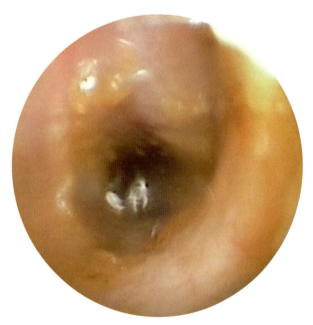

図 5-18　症例3（初診日）
耳道内には黄色の分泌物が充満。

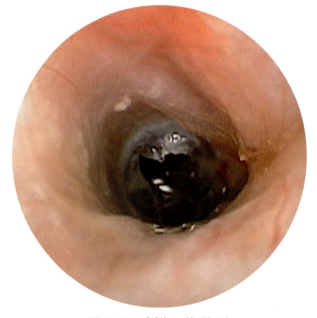

図 5-19　症例3（初診日）
洗浄後、鼓膜緊張部の欠損が明らかになった。

（9）治療・経過

初診時、耳道内は黄色の分泌物で満たされていた（図5-18）。鼓膜外側面凹部の毛は直立タイプで鼓膜周辺には膿性の分泌物と汚れた組織と毛が絡んでいた。それらを慎重に除去すると鼓膜緊張部は欠損していた（図5-19）。

2回目（23日後）、耳道の分泌物は減少し白色

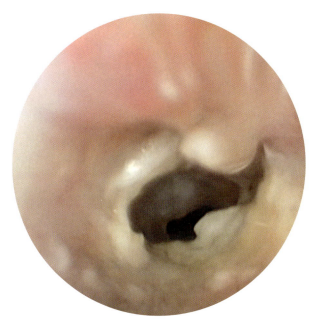

図 5-20　症例 3（23 日後）
耳道の分泌物は減少し白色となった。

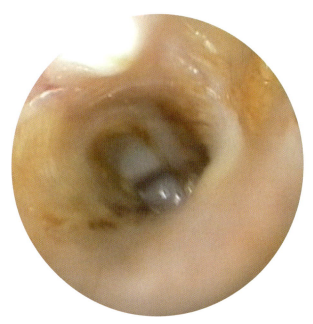

図 5-22　症例 3（42 日後）
分泌物は黄変し粘稠性が増した。

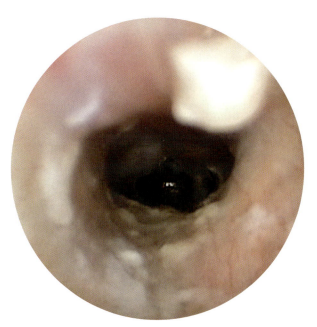

図 5-21　症例 3（23 日後）
緊張部は白濁し欠損部は小さくなった。

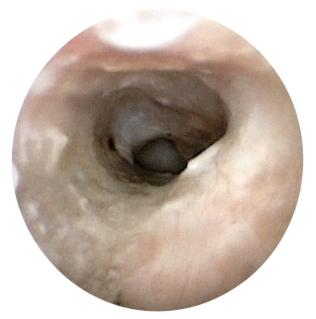

図 5-23　症例 3（42 日後）
鼓膜緊張部は白濁が増し肥厚した。

となった（図 5-20）。緊張部は白濁し欠損部はやや小さくなっていた（図 5-21）。

3 回目（42 日後），耳道内の分泌物は減少したが再び黄変し粘稠性となり固着していた（図 5-22）。洗浄すると鼓膜緊張部は白濁が増し肥厚していた（図 5-23）。

4 回目（74 日後），鼓膜の欠損部が修復したように見えた（図 5-24）。

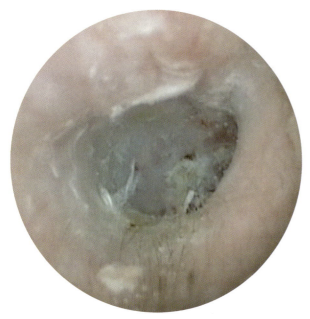

図5-24　症例3（74日後）
鼓膜の欠損部が修復したかに見えた（洗浄液を満たして撮影）。

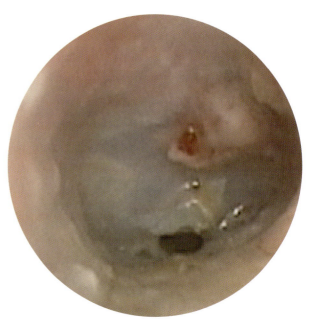

図5-26　症例3（95日後）
緊張部に小さな欠損部。

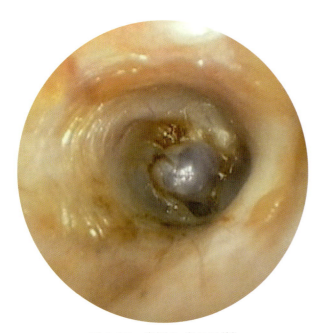

図5-25　症例3（95日後）
鼓膜周辺の分泌物は黄変した。

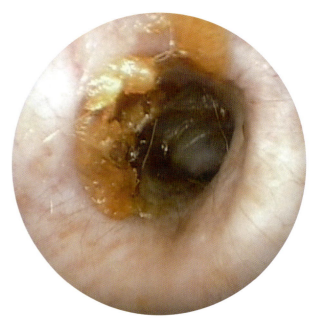

図5-27　症例3（165日後）
黄色の分泌物は増大。

　5回目（95日後），鼓膜周辺の分泌物は黄色であり（図5-25），洗浄後には緊張部に小さな欠損部が観察された（図5-26）。
　127日後，ビデオオトスコープを予定した当日にソファーの飾り紐を飲み込んでしまい急遽，胃内視鏡により摘出。そのためビデオオトスコープ療法は延期となった。
　6回目（165日後），黄色の分泌物は増大し強固となって鼓膜周辺にへばりついていた（図5-27）。洗浄後，鼓膜緊張部はやや透明度を増し

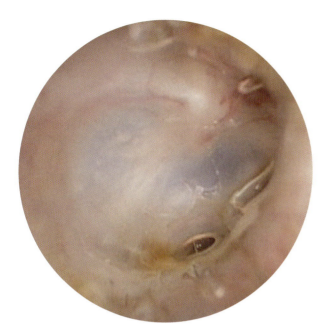

図 5-28　症例 3（165 日後）
欠損部は残っていた。

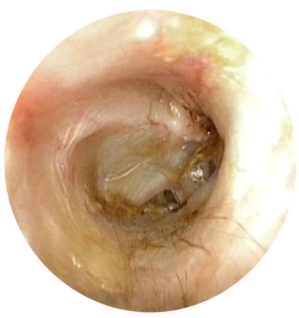

図 5-30　症例 3（189 日後）
黄色の分泌物は相変わらず続き，鼓膜の欠損は修復せず（洗浄前）。

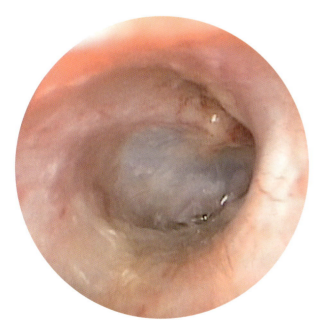

図 5-29　症例 3（165 日後）
欠損部は小さく見過ごしやすい。

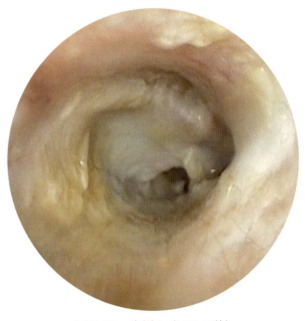

図 5-31　症例 3（198 日後）
分泌物はやや減少したが欠損部は修復せず（洗浄前）。

ていたが欠損部は残っていた（図 5-28）。欠損部は小さく注意深く観察しないと見過ごす程であった（図 5-29）。

7 回目（189 日後），黄色の分泌物は相変わらず続き，鼓膜の欠損は修復していなかった（図 5-30）。

8 回目（198 日後），分泌物はやや減少したが欠損部は修復しなかった（図 5-31）。

10 回目（343 日後），茶色の分泌物は続いていた（図 5-32）。洗浄すると，鼓膜は変性し肥厚

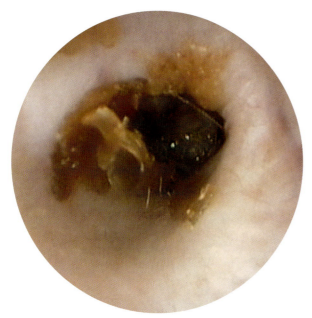

図5-32　症例3（343日後）
茶色の分泌物は続いていた（洗浄前）。

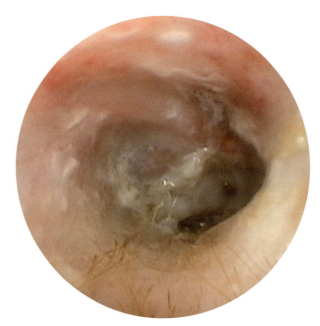

図5-34　症例3（636日後）
鼓膜弛緩部の変性は続いた。

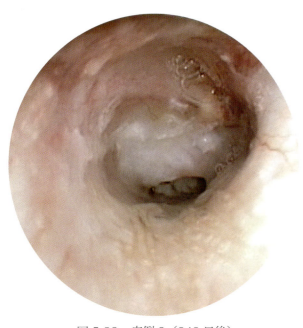

図5-33　症例3（343日後）
鼓膜は変性し肥厚した（洗浄後）。

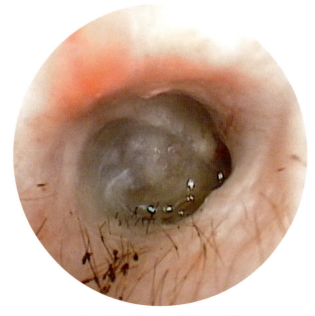

図5-35　症例3（1520日後）
鼓膜の欠損は修復したかに見えたが，修復していない。

していた（図5-33）。

20回目（636日後），鼓膜弛緩部の変性は続いていた（図5-34）。

1328日後，ペットシーツを食べ胃内視鏡で摘出した。

34回目（1520日後），鼓膜周辺には黒色の多数の分泌物があった。洗浄すると鼓膜の欠損は無くなったかに見えたが，依然としてあった（図5-35）。

43回目（1684日後），鼓膜外側面凹部の直立タイプの毛には分泌物が絡んでいた（図5-36）。清浄化したが鼓膜の欠損は持続している（図

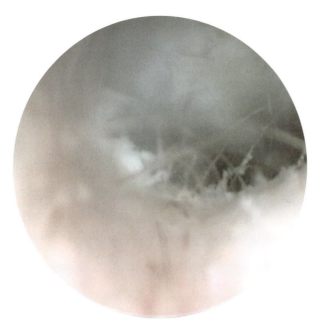

図 5-36　症例 3（1684 日後）
鼓膜外側面凹部の直立タイプの毛に分泌物が絡んでいた。

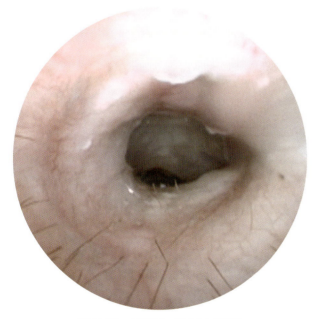

図 5-37　症例 3（1684 日後）
鼓膜の欠損は継続している。

5-37）。全耳道切除術を勧めてきたが，受け入れてもらえなかった。

(10) コメント

　ビデオオトスコープ療法において，成功しなかった 3 症例のひとつである。現在の経験と技術をもってすれば鼓膜を修復できる症例である。患犬の苦しみ，飼い主の心労と経済的負担，獣医師の悶々とした思いは大いなる損失である。今，この瞬間にも同様の症例の犬が多数いるのではないかと思う。

　鼓膜欠損部位が大きくてもツチ骨柄や弛緩部が残っている状態であれば，適切に対応すれば鼓膜再生が期待できる可能性がある。本症例のように，鼓膜再生のチャンスがあったにもかかわらず，鼓膜再生ができなかった原因を以下に記す。

①従来法での治療

　著者がビデオオトスコープ療法を開始したのは 2006 年 9 月からで，2000 年当時は通常の治療であった。そのため外耳炎は繰り返し，飼い主は自宅療法に走ってしまった。第 4 章に記載した治療法を行っていれば外耳炎の段階で十分コントロールできた。

②食物アレルギーへの対応不足

　2000 年当時，食物アレルギーを意識していなかった。ワクチン接種後に硬結したことから，アレルギーを考慮すべきであった。また，当時は適切な検査法や療法食が普及していなかった。

③ビデオオトスコープ治療の間隔

　初期の治療間隔を短縮すべきであった。2008 年当時は，中耳炎の経験が乏しく治療間隔について試行錯誤していた。

④ MRSA 感染の制御不足

　現在では，バンコマイシンの使用法（院内約束処方）で対応している。

⑤ビデオオトスコープ療法の延期

　5 回目の後（ビデオオトスコープ療法予定日：127 日後）にソファーの紐を飲み込んでしまい，急遽，胃内視鏡により摘出した。そのため当日のビデオオトスコープ療法を延期した。6 回目の結果から判断すると，このころ耳炎は悪化していた可能性があり，予定通りにビデオオトスコープ療法を実施すべきであった。異物摂取（ペットシーツ：1328 日後）はその後もあった。今では，耳炎による苦しみから異物を摂取してしまうのでは

ないかと推測している。他の症例においても，異物摂取が耳炎による影響と推察される症例を経験したためである。

これらの反省点を踏まえ，

①最初からビデオオトスコープ療法を実施する。
②細菌培養で，*Staphylococcus intermedius*（*Stap. pseudintermedius*），MRSAが検出された場合は，短期間に制圧する（バンコマイシンの院内約束処方等）。
③ビデオオトスコープ療法の間隔を短縮し短期間に修復すべきである。
④常にアレルギー（とくに食物アレルギー）を念頭におく。
⑤安静を目的に入院を考慮する。
⑥異物摂取に注意する。異物摂取があった場合は，ビデオオトスコープによる鼓膜の検査を実施する。
⑦ツチ骨柄が残っていなければ，早めに全耳道切除術を行うべきである。

第6章
ミミヒゼンダニ寄生症例

1．犬の症例

1）症例1　右耳

シー・ズー，雄，5か月，体重4.36kg。室内飼育。

（1）毛のタイプ

直立タイプ。

（2）これまでの治療と現状

量販店から入手しワクチンもその店舗で済ませていた。入手当初から耳を痒がり分泌物があり，購入店に併設する診療施設で治療を受けていた。治療内容は分泌物の除去と痒みの軽減のためにステロイド剤が使われていた。改善せず当院を受診した。

（3）初診時の細胞診

球菌（＋）
ミミヒゼンダニの寄生

（4）細菌培養

検出菌：*Staphylococcus intermedius*
　　　　（*Stap. pseudintermedius*）
有効：CPDX, GM, AMK, TOB, OFLX, LFLX, CPFX, FOM, ST
無効：PIPC

（5）アレルギー検査

飼い主の意向により実施せず。

（6）薬　剤

全身療法：セフポドキシムプロキセチル，イベルメクチン。
局所療法：ビデオオトスコープ療法時のみタリビットの点耳。
食事療法：z/d ULTRA に変更。

（7）治療・経過

初診時，ミミヒゼンダニを検出した。耳道入口は茶褐色の分泌物が毛に絡み悪臭があった（図6-1）。分泌物を除去すると耳道は肥厚し爛れていた（図6-2）。鼓膜付近の耳道は腫れて狭窄し鼓膜は確認できなかった（図6-3）。2回目（5日

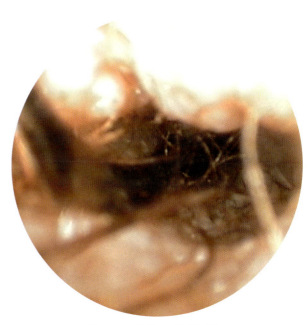

図6-1　症例1（初診日）
茶褐色の分泌物が毛に絡んでいる。

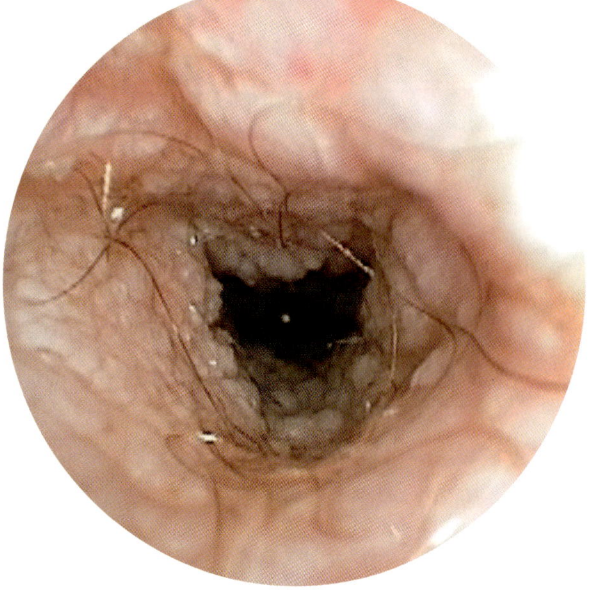

図6-2 症例1（初診日）
耳道内（耳道入口）は爛れ肥厚している。

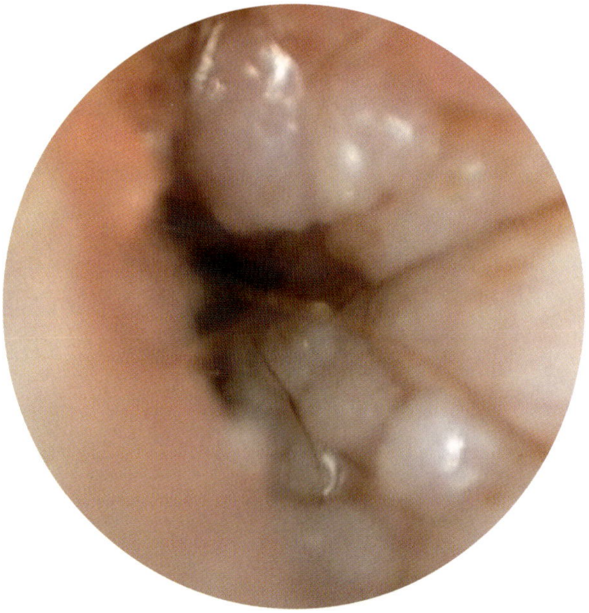

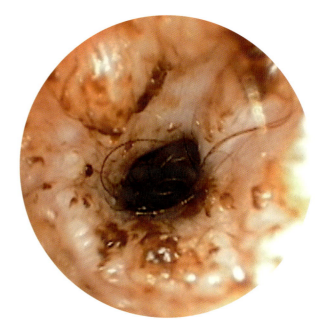
図6-4 症例1（5日後）
鼓膜と毛が観察できる。

図6-3 症例1（初診日）
耳道（鼓膜周辺）は狭窄し鼓膜は確認できない。

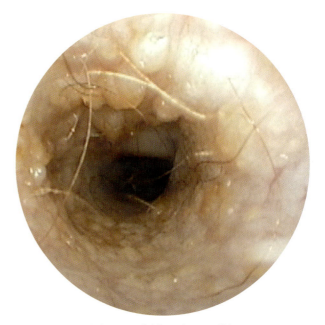
図6-5 症例1（10日後）
耳道入口の分泌物は激減した。

後），ミミヒゼンダニは消失した。耳道内の分泌物は減少し鼓膜が観察できた。鼓膜の前面には毛が多数存在した（図6-4）。毛を除去し清浄化した。3回目（10日後），分泌物は黄色白色に変わり激減した（図6-5）。鼓膜外側面凹部*には茶色のカールした毛が多数観察され分泌物を巻き込ん

でいた。鼓膜弛緩部，緊張部，ツチ骨柄が明瞭となり，鼓膜はほぼ回復した（図6-6）。毛と分泌物を摘出し清浄化した。6回目（94日後）には分泌物はほとんどなくなった。鼓膜外側面凹部には白い直立タイプの毛が観察され，毛の根元には黄白色の分泌物があった（図6-7）。毛と分泌物を摘出して清浄化した。鼓膜弛緩部の血管は明瞭となり，緊張部の透明度も増して鼓膜は回復した

*筆者による呼称。「本書を読むにあたって」vii頁参照。

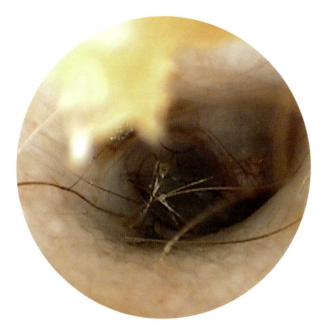

図6-6　症例1（10日後）
鼓膜とツチ骨柄が見える。

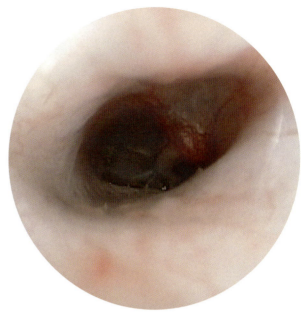

図6-8　症例1（94日後）
毛と分泌物を除去し清浄化した鼓膜。

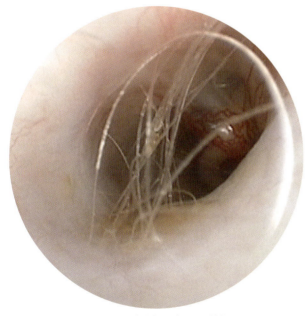

図6-7　症例1（94日後）
鼓膜外側面凹部の毛は直立タイプであることが判明した。

（図6-8）。

（8）コメント

　ミミヒゼンダニの寄生は激しい瘙痒感と多量の分泌物により比較的容易に発見される。しかし場合によっては見過ごされるケースもある。とくに感染初期に鼓膜だけに寄生した場合は，手持ち耳鏡の検査では診断の機会を逸してしまう（Movie 6-1＊）。ミミヒゼンダニを検出せずに通常の治療を続けると本来の病巣が隠れて単なる細菌性の耳炎として治療が続けられる。その結果改善しなかったのではないかと考える。

　初診時には鼓膜周辺の耳道が狭窄していたが，洗浄により耳道は開き，詰まっていた毛と分泌物が明らかとなった（図6-6）。この詰まっていた毛と分泌物を除去した結果，さらに耳道が修復して治癒に向かった。耳道狭窄にはステロイド剤が汎用されるが，毛が絡んでいる場合は効果的ではない。むしろカテーテルによる清浄化が耳道狭窄を改善する。

　本症例は，耳炎が治癒すると鼓膜外側面凹部の毛は直立タイプであることが判明した（図6-7）。そのため分泌物は毛の根元に固着して常に感染の危険がある。シー・ズーの耳道内には多数のカールした毛が存在し上皮移動による自浄作用は期待できない。したがって耳炎による分泌物がある場合は，丁寧に鼓膜周辺を清浄化する必要がある。

　治療により鼓膜も耳道も修復したが，早期にビデオオトスコープによる検査をしていれば，もっと簡単に治癒に導けた。

＊Movieは猫のミミダニ初期感染（左耳）。

2．猫の症例

1）症例2　左耳

アメリカン・ショートヘアー，避妊雌，年齢不詳（飼い主の申告では約5歳），体重3.05kg。室内飼育。

（1）毛のタイプ

直立タイプ。

（2）これまでの治療と現状

1年前に保護した猫である。当初から耳を気にして近医を受診し加療していた。耳が汚れるので拭いていたが改善せず当院を受診した。

初診時，手持ち耳鏡検査により多数のミミヒゼンダニの寄生を認めた。イベルメクチンを内服して6日後にビデオオトスコープ療法を実施した。

（3）初診時の細胞診

球菌（＋）
ミミヒゼンダニの寄生

（4）細菌培養

検出菌：*Staphylococcus intermedius*
　　　　（*Stap. pseudintermedius*）
有効：CEX，CPDX，AMK，TOB，MINO，OFLX，LFLX，ST
無効：PIPC，FOM

（5）アレルギー検査

飼い主の意向により実施せず。

（6）薬　剤

全身療法：セフォベシンナトリウム注射，イベルメクチン。
局所療法：ビデオオトスコープ療法時のみトブラシン点眼薬の点耳。

食事療法：普通食。

（7）治療・経過

初診時，耳道入口には乾いた白褐色の分泌物がありミミヒゼンダニを検出した。6日後（ビデオオトスコープ療法1回目）*，耳道内には耳垢塊があった（図6-9）。耳垢塊は硬く把持鉗子で割き洗浄液で溶かしながら摘出した（図6-10）。耳垢塊を除去すると耳道は爛れていて紫色の腫瘤が3つ見つかった（図6-11）。鼓膜周辺の耳道（2時）にはピンク色の腫瘤があり，6時方向は耳垢腺が発達していた。鼓膜緊張部は不透明で損傷しており，とくに7時の部位は薄く脆弱であった。ツチ骨柄は確認できなかった（図6-12）。2回目（13

図6-9　症例2（6日後*）
耳垢塊が耳道を占拠している。

*本症例のみ初診日にビデオオトスコープ療法を実施していない。よって，「6日後」がビデオオトスコープ療法の1回目となる。

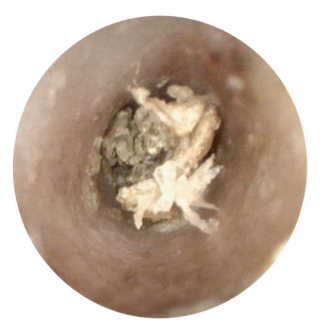

図6-10　症例2（6日後）
耳垢塊は硬く乾燥している。

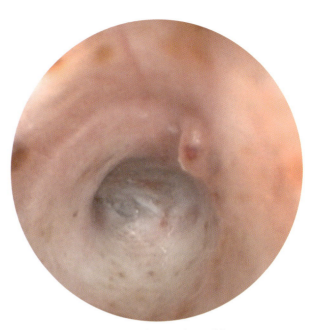

図6-12　症例2（6日後）
損傷した鼓膜。

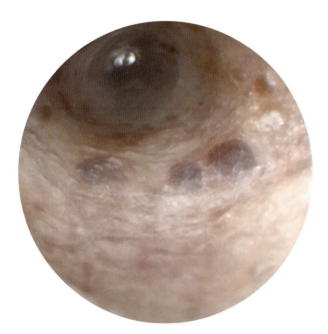

図6-11　症例2（6日後）
耳道内には紫色の腫瘤がある。

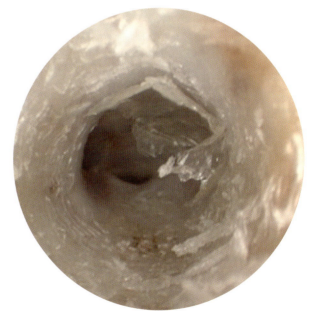

図6-13　症例2（13日後）
耳道の分泌物は激減。

日後），耳道内の分泌物は激減し剥がれた表皮が観察された。ミミヒゼンダニは消失し鼓膜が観察できた（図6-13）。3つの腫瘤は紫色から赤色に変化し隆起もなだらかになった（図6-14）。ピンク色の腫瘤は痕跡を残すのみとなった。ツチ骨柄の血管も明瞭となり緊張部も透明度が増した（図

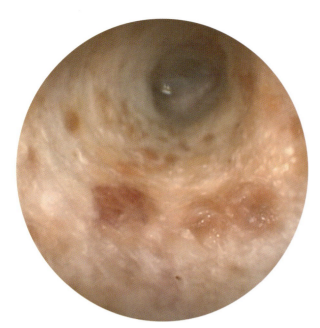 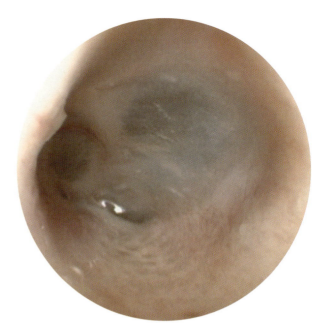

図6-14　症例2（13日後）修復しつつある鼓膜。

図6-15　症例2（13日後）紫色の腫瘤は赤色に変化。

6-15)。6時方向の耳垢腺は明瞭で，直立タイプの毛が観察された。7時の部位は相変わらず薄く脆弱で次回の治療時まで温存することとした。

(8) コメント

殺ダニ剤の普及によりミミヒゼンダニを死滅させることは容易である。しかし，その後の耳炎を治癒させることは容易ではない。本症例は硬く乾燥した耳垢塊が耳道を占拠しており耳道と鼓膜は損傷していた。耳道と鼓膜を徹底的に清浄化したところ，鼓膜周辺のピンク色の腫瘤は消失し，3つの腫瘤も修復に向かった。耳道内および鼓膜を清浄化することで組織本来がもつ修復力により治癒をもたらした。初診時に脆弱だった鼓膜は，13日後にはツチ骨柄が観察されるまでに修復した。7時の部位は経過観察する必要がある。

鼓膜外側面凹部の毛が直立タイプ（図6-15）なので，今後鼓膜外側面凹部に分泌物が固着する可能性があり，定期的な観察が必要である。

一般的に耳道内の腫瘤（嚢腫）にはステロイド剤が汎用されている。しかし根治せず治療法が見いだされていない。耳道と鼓膜の清浄化は，腫瘤の修復にも役立っており有効な治療法の1つである。

第7章
炎症性ポリープの症例

1. 犬の症例

1) 症例1　右耳

フレンチ・ブルドッグ，雄，4歳2か月，体重11.8kg。飼育は室内。

(1) これまでの治療と現状

幼犬時より耳炎があった。複数の病院にて洗浄，マッサージ，点耳薬，抗菌剤の内服などによる様々な治療を行ったが改善せず当院を受診した。元気食欲なく沈うつな面持ちであった。

(2) 初診時の細胞診

球菌（＋）

(3) 細菌培養

検出菌：*Staphylococcus intermedius*
　　　　（*Stap. pseudintermedius*）
有効：CPDX，AMK，FOM
無効：PIPC，OFLX，LFLX，CPFX，ST

(4) アレルギー検査

牛肉，豚肉，鶏肉，小麦，羊肉，七面鳥，アヒル，タラ，ナマズ，牛乳，米に陽性を示す。

(5) 薬剤

全身療法：セフポドキシムプロキセチル。
局所療法：ビデオオトスコープ療法時のみA液*の点耳。
食事療法：z/d ULTRAに変更。

(6) 腫瘤の病理検査結果

炎症性ポリープ。

(7) 治療・経過

初診時，耳道が腫れて閉塞していた（図7-1）。2日後には少し耳道が開いたが分泌物はほとんどなかった。3回目（9日後），耳道が少し開いて

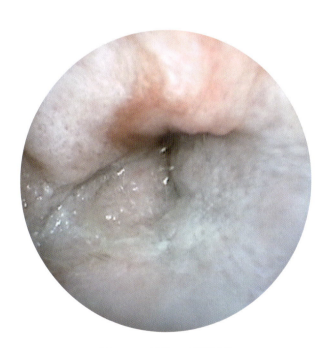

図7-1　症例1（初診日）
耳道は閉塞，分泌物は見当たらない。

*A液：アミカシン硫酸塩注射液…アミカマイシン注射液100mg（明治製菓株式会社）1mlを人工涙液マイティア点眼液（千寿製薬株式会社）5mlに混和。

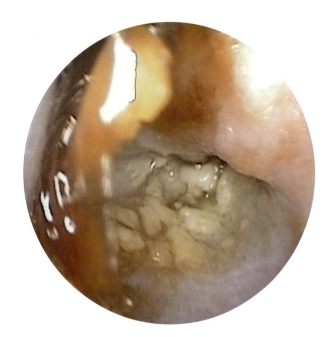

図7-2　症例1（9日後）
悪臭のある黄色の分泌物。

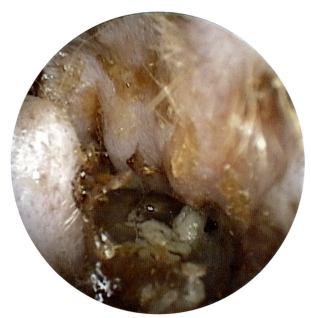

図7-4　症例1（14日後）
黄褐色の分泌物。

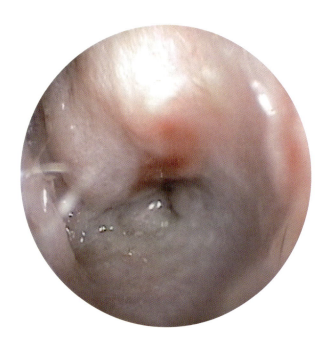

図7-3　症例1（9日後）
洗浄後の耳道。

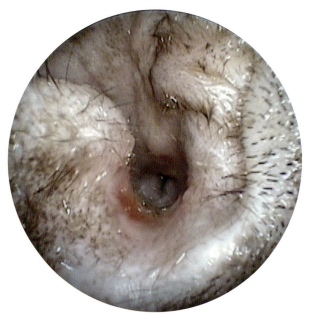

図7-5　症例1（14日後）
洗浄後の耳道。

奥から悪臭のある黄色の分泌物が多量に排出した（図7-2）。耳道は3Frのカテーテがやっと挿入できるほどの大きさであり，洗浄して清浄化した（図7-3）。4回目（14日後），耳道はさらに開口し黄褐色の分泌物が排出した（図7-4）。洗浄すると耳道の奥からさらに分泌物が排出した（図7-5）。7回目（37日後），回数を重ねるごとに少しずつ耳道は開き，分泌物の色も茶白色に変化した（図

第 7 章　炎症性ポリープの症例　139

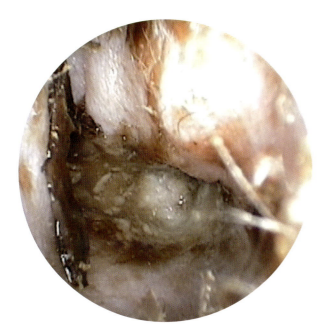

図 7-6　症例 1（37 日後）
茶白色の分泌物。

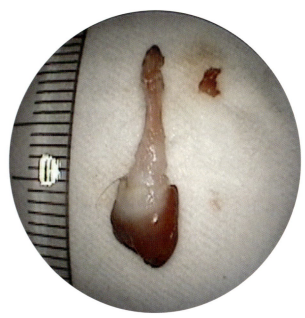

図 7-8　症例 1（38 日後）
摘出した炎症性ポリープ。

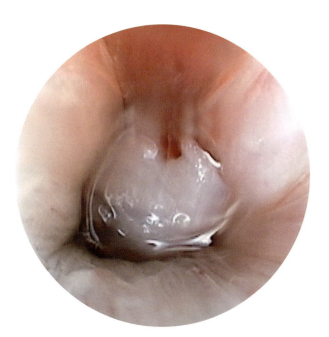

図 7-7　症例 1（37 日後）
耳道を占有した腫瘤（炎症性ポリープ）。

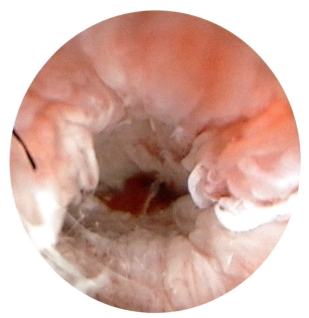

図 7-9　症例 1（38 日後）
摘出後の耳道（半導体レーザーで蒸散）。

7-6）。分泌物を除去すると耳道内には腫瘤（病理検査結果：炎症性ポリープ）が見つかった（図7-7）。8 回目（38 日後），翌日，耳道内を十分に清浄化した後，把持鉗子を用いて腫瘤を摘出した（図 7-8）。摘出後は半導体レーザーを用いて起始部を蒸散した（図 7-9）。12 回目（51 日後），腫瘤を摘出後は，耳道の清浄化を続けた。すると耳道は奥から次第に閉塞した（図 7-10）。16 回目

140　第 7 章　炎症性ポリープの症例

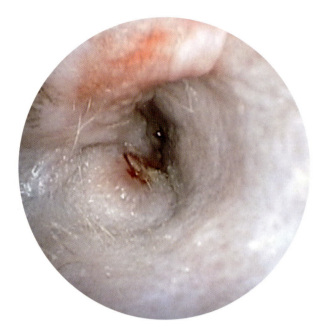

図 7-10　症例 1（51 日後）
閉塞しつつある耳道。

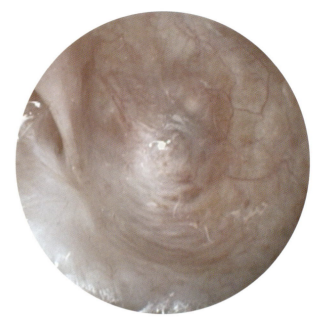

図 7-12　症例 1（551 日後）
U 字形の耳道（経過観察中）。

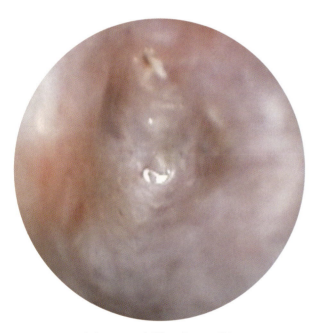

図 7-11　症例 1（69 日後）
耳道は U 字形に修復。

（69 日後），耳道は U 字形*になり修復した（図 7-11）。40 回目（551 日後），耳道は良好であり経過観察中である（図 7-12）。

*筆者による呼称。「本書を読むにあたって」x 頁参照。

（8）コメント

　初診時，耳道は閉塞し分泌物はほとんどなかった。しかしビデオオトスコープ療法により，耳道が少しずつ開き，3 回目の治療時から耳道の奥から多くの分泌物が湧き上がるように排出した。そしてついには炎症性ポリープを確認することができた。腫瘤摘出後には腫瘤の起始部をレーザー処置して止血した。腫瘤のあった奥からも膿性の分泌物が排出した。丁寧に除去すると，耳道の奥から U 字形に閉鎖して修復した。U 字形の表面は皮膚組織であり，ときどき洗浄して経過観察している（853 日現在，良好）。

　3 年以上の間，複数の病院において，洗浄，マッサージ，点耳薬，抗菌剤の投与など，一般的な耳炎の治療を続けていたがしだいに悪化したとのことである。通常の治療により，耳道の奥深く分泌物が詰め込まれた可能性がある。ビデオオトスコープ療法により耳道を清浄化すると耳道の閉塞が改善して分泌物が排出する。分泌物が排出するとさらに耳道の閉塞が改善するという好循環により耳道の修復は進んだ。

2．猫の症例

1）症例2　左耳

マンチカン，避妊雌，1歳11か月，体重3.2kg。飼育は室内。【Movie 7-1】

（1）これまでの治療と現状

ペットショップから購入した時すでに耳漏があったとのことである。生後5か月より膿性の耳漏となり抗菌剤の内服，外用を開始。生後9か月から球菌と酵母菌を検出，耳洗と抗菌剤の投与。その後桿菌を検出したため腹側鼓室胞切開を実施。Staphylococcus aureus と Corynebacterium sp. を検出し抗菌剤を投与したが液体貯留がめだった。抗菌剤は，ドキシサイクリン，クラリスロマイシン，ゼナキル，セフィキシム，とそのときどきの感受性結果に基づき投与されていた。改善がみられず当院を紹介。

（2）初診時の細胞診

球菌（＋＋）

（3）細菌培養

検出菌：Staphylococcus intermedius
　　　　（Stap. pseudintermedius）
有効：CPDX，GM，AMK，TOB，OFLX，LFLX，ST
無効：PIPC，FOM

（4）アレルギー検査

飼い主の意向により実施せず。

（5）薬　剤

全身療法：オルビフロキサシン。
局所療法：ビデオオトスコープ療法時のみA液の点耳。
食事療法：普通食。

（6）腫瘍の病理検査結果

炎症性ポリープ。

（7）治療・経過

初診時，5日間入院加療した。耳道入口には黒い分泌物があり，耳道内には茶褐色の膿性の分泌物が充満していた（図7-13）。分泌物を除去し洗浄すると腫瘤（病理検査結果：炎症性ポリープ）が認められた（図7-14）。十分に洗浄した後，把持鉗子を用いて腫瘤を牽引し摘出した（図7-15）。腫瘤の後方（鼓膜に近い部分）には白色の分泌物が多数存在した（図7-16）。耳道内を清浄化した後（図7-17），半導体レーザーを用いて腫瘤の起始部を蒸散し清浄化した（図7-18）。レーザーで蒸散したところは黒色となった。鼓膜弛緩部は不明瞭であった。鼓膜緊張部は不透明であったがツチ骨柄が観察できた。2回目（2日

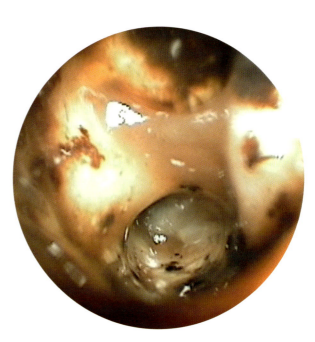

図7-13　症例2（初診日）
耳道内には茶褐色の膿性の分泌物が充満。
【Movie 7-1】

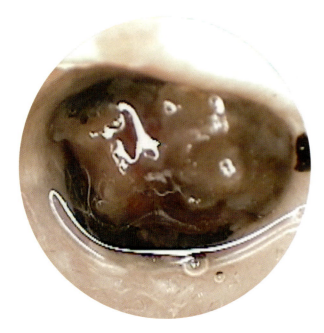

図 7-14　症例 2（初診日）
腫瘤（炎症性ポリープ）が耳道を占有。

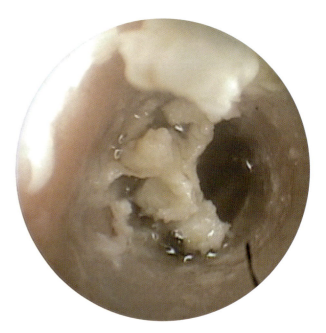

図 7-16　症例 2（初診日）
炎症性ポリープ摘出後の耳道内には白色の分泌物が充満。

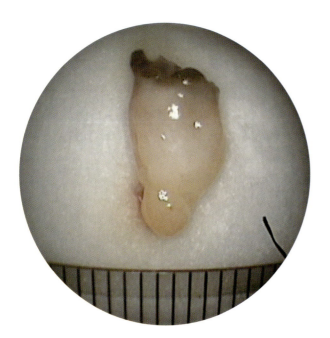

図 7-15　症例 2（初診日）
摘出した炎症性ポリープ。

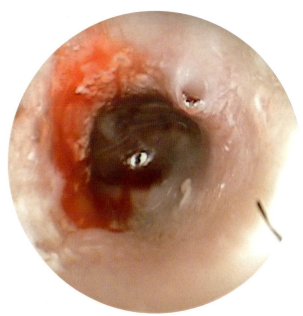

図 7-17　症例 2（初診日）
耳道を清浄化。

後），耳道内の分泌物は黒色を呈し（初診時に耳道入口にあった分泌物と同様の色彩）減少していた（図 7-19）。V 字*には多数の剥がれた表皮や分泌物が詰まっていた（図 7-20）。カテーテルを用いて丁寧に除去したが残留した。ツチ骨柄の血管は明瞭になった。他の耳道と同様，レーザー蒸

*筆者による呼称。「本書を読むにあたって」ix 頁参照。

第 7 章　炎症性ポリープの症例　143

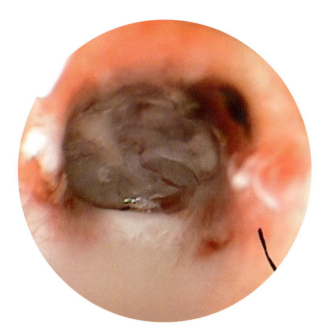

図 7-18　症例 2（初診日）
半導体レーザーを用いて蒸散（黒色の部位）。

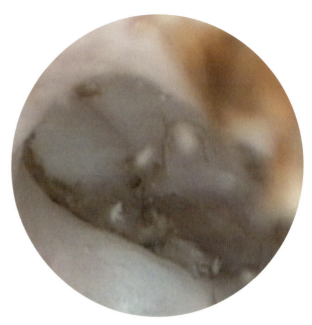

図 7-20　症例 2（2 日後）
V 字に分泌物が詰まっている。

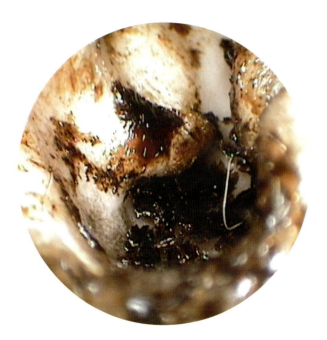

図 7-19　症例 2（2 日後）
耳道内には黒色の分泌物が充満。

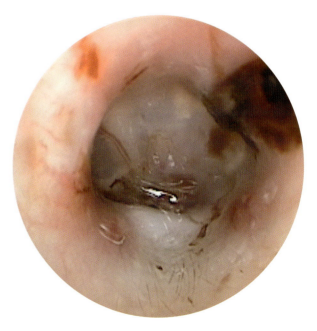

図 7-21　症例 2（2 日後）
ツチ骨柄の血管が明瞭。

散後の傷跡にも黒色の分泌物が付着していた（図 7-21）。3 回目（5 日後），耳道の分泌物は減少しレーザー処置の痕跡は黒色となった（図 7-22）。4 回目（16 日後），回を重ねるごとに耳道の分泌物は減少し鼓膜緊張部の透明度は増した。鼓膜の中央部には黄色の損傷が残った（図 7-23）。7 回目（104 日後），鼓膜の損傷およびレーザー処置後の傷跡は修復し黒色の色素は徐々に薄くなり快

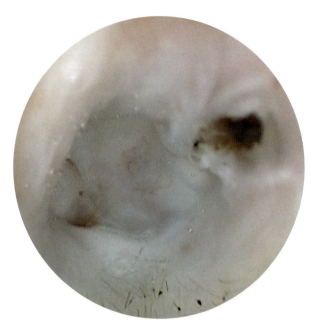

図7-22　症例2（5日後）
レーザー処置後は黒色に変化（洗浄液を満たして撮影）。

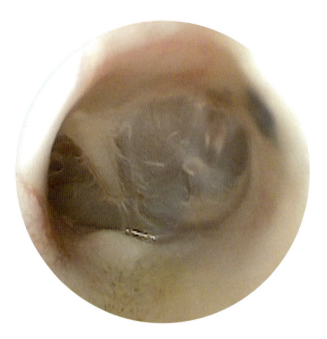

図7-24　症例2（104日後）
鼓膜の損傷は修復し，レーザー後の傷跡の色素も修復に向かっている。

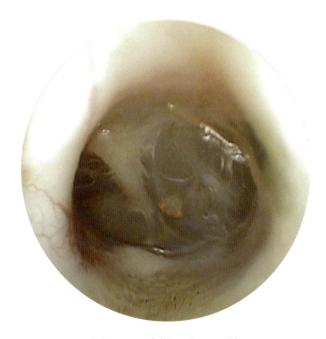

図7-23　症例2（16日後）
鼓膜は透明度を増した。中央部に黄色の損傷がある。
【Movie 7-2】

方に向かった（図7-24）。この時点で緑膿菌が検出されたが適切な処置（ビデオオトスコープ療法と抗菌剤）により回復した。

(8) コメント

①半導体レーザーの照射角度と照射時間が最重要ポイントである。
②Ｖ字に詰まった分泌物が微生物の温床である。
③良好な経過とともにＶ字から様々な耐性菌が検出される。今回は緑膿菌が検出された。即洗浄することで治癒に至る。Ｖ字が清浄化するまで継続治療が必要。
④猫の炎症性ポリープは家系で出現することがある。
⑤幼猫時に診断できることがあるのでビデオオトスコープによる検査は必須。

炎症性ポリープの起始部が鼓膜に隣接しているため鼓膜を保護する必要があり半導体レーザーの照射角度と照射時間に注意が必要である。また，炎症が慢性化していると，Ｖ字部分には多数の剥がれた上皮等や分泌物が詰まっている。これが微生物の温床になっているので，慎重に摘出する必

要がある。ただし炎症により鼓膜は脆弱化しているのでやさしく丁寧に除去すべきである。除去すると耳道の腫れが改善し，さらに奥から分泌物が排出する。この部位に様々な耐性菌が隠れており，回復とともに悪作用を示すので，定期的な細菌培養検査と洗浄が必要である。ビデオオトスコープを用いて早期に診断治療すれば，V字に貯留物が溜まることを防げる。ビデオオトスコープ療法は悪化してからではなく，初回から実施すると時間と労力と金銭の節約になる。何よりも猫の苦しみを取り除くことができる。

第8章
難治性耳炎の治療

1. 難治性外耳炎

1）症例1　犬　左耳

ミニチュア・シュナウザー，去勢雄，2歳5か月，体重11.2kg。

(1) 毛のタイプ

直立タイプ。

(2) これまでの治療と現状

近医にて1年以上治療を受けていた。治療薬は，ザイマックスオティックイアープロテクター，ティートリオイルが用いられていた。口唇，四肢は茶色に変色し，常時，前脚を舐める行動が観察された。

(3) 初診時の細胞診

桿菌（＋＋＋），マラセチア（＋＋）

(4) 細菌培養

検出菌：*Pseudomonas aeruginosa*
有効：PIPC，GM，AMK

(5) アレルギー検査

大豆に陽性を示した。

(6) 薬　剤

全身療法：当初オルビフロキサシン，細菌培養検査結果後からアミカシン点滴IV 7日間，ケトコナゾール，その後ピペラシリンナトリウムに変更。

局所療法：A液*の点耳。
食事療法：z/d ULTRAに変更，その後肝臓サポートに変更。

(7) 外耳炎の診断

緑膿菌感染。

(8) 治療・経過【Movie 8-1，8-2】

初診時，耳道入口には茶色の分泌物と毛が混じ

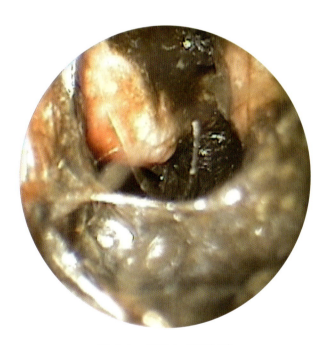

図8-1　症例1（初診日）
耳道入口茶色の分泌物。

---

*A液：アミカシン硫酸塩注射液…アミカマイシン注射液100mg（明治製菓株式会社）1mlを人工涙液マイティア点眼液（千寿製薬株式会社）5mlに混和。

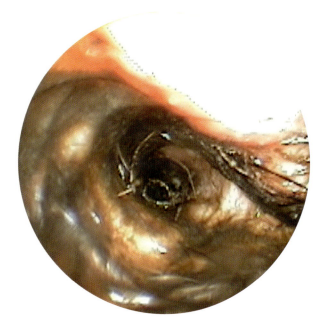

図8-2 症例1（初診日）
耳道内には毛に分泌物が絡んでいた。

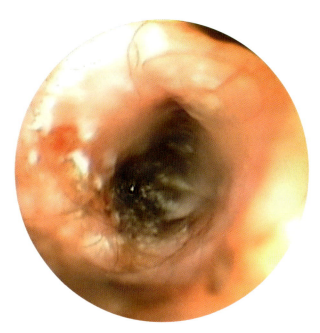

図8-4 症例1（初診日）
鼓膜周辺の分泌物。

図8-3 症例1（初診日）
耳道から摘出した毛の束。

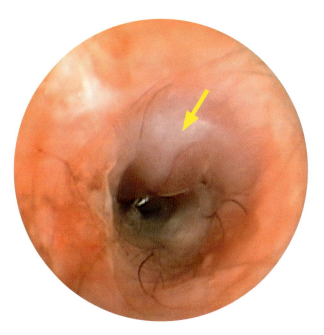

図8-5 症例1（初診日）
トップラインが腫れている（矢印）。

り特有の悪臭をはなっていた。毛を取り去り（図8-1）耳道内を観察したところ，茶色の分泌物と長い毛が束になっていた（図8-2，8-3）。多くの毛を取り去ってもなお鼓膜周辺には毛と分泌物が混在していた（図8-4）。トップライン*は腫大し鼓膜は確認できなかった（図8-5）。2回目（5日

---

*筆者による呼称。「本書を読むにあたって」x頁参照。

第8章 難治性耳炎の治療　149

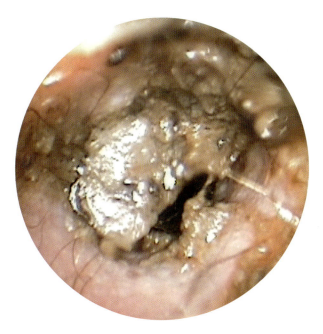

図8-6　症例1（5日後）
耳道には再び多量の分泌物が排出。

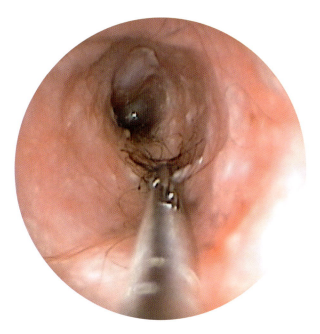

図8-8　症例1（5日後）
把持鉗子を用いて毛を摘出。

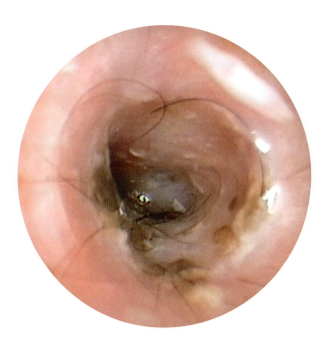

図8-7　症例1（5日後）
鼓膜周辺に毛が多量に詰め込まれいた。

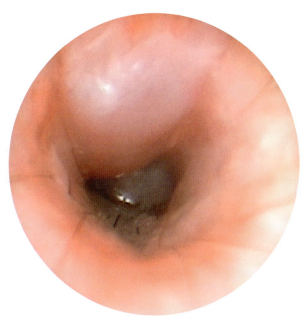

図8-9　症例1（5日後）
耳道と鼓膜を清浄化，トップラインが腫れている。

後），多量の分泌物を除去すると鼓膜周辺が観察できた。鼓膜の4-7時方向には多量の毛が挟まっていた（図8-6, 8-7）。把持鉗子で摘出し清浄化した（図8-8）。トップラインは腫大していた（図8-9）。3回目（10日後），分泌物はやや減少したが産生は止まらなかった（図8-10, 8-11）。

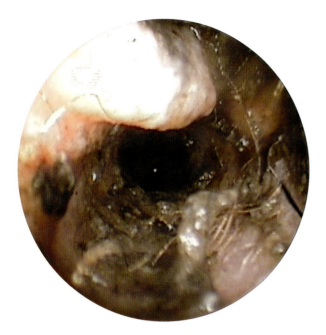
図8-10　症例1（10日後）
耳道入口の分泌物はやや減少した。

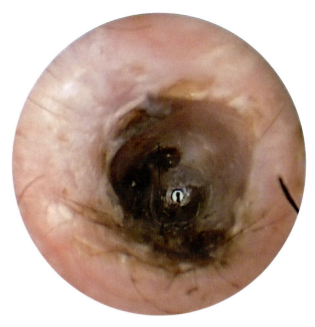
図8-12　症例1（10日後）
鼓膜周辺の腫れが改善し詰まっていた毛が排出された。

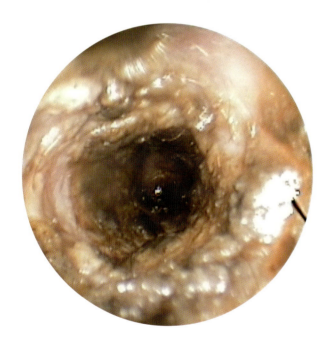
図8-11　症例1（10日後）
耳道の分泌物もやや減少した。

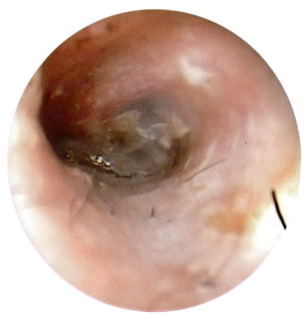
図8-13　症例1（10日後）
ツチ骨柄が確認できる。

鼓膜周辺の腫れが改善し，前回詰まっていた毛が前面に排出され鼓膜のツチ骨柄が観察された（図8-12, 8-13）。毛を摘出して清浄化した。トップラインの腫れも改善した。7回目（63日後）には炎症はおさまっていた。鼓膜外側面凹部*に直立の毛が多数観察され毛の根元には分泌物が固着

---

*筆者による呼称。「本書を読むにあたって」vii頁参照。

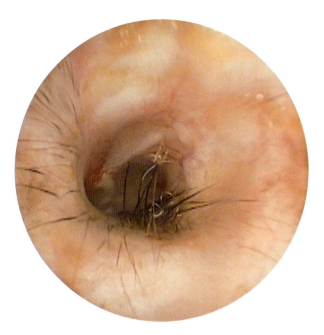

図8-14　症例1（63日後）
鼓膜外側面凹部に直立タイプの毛が観察される。

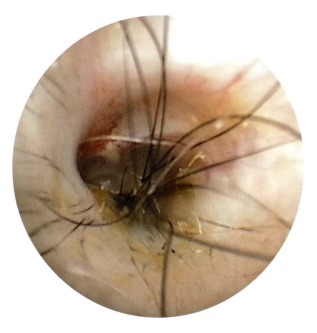

図8-16　症例1（159日後）
鼓膜外側面凹部の毛。毛の先端に分泌物が移動している。

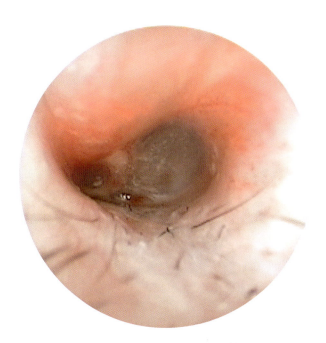

図8-15　症例1（63日後）
清浄化後。

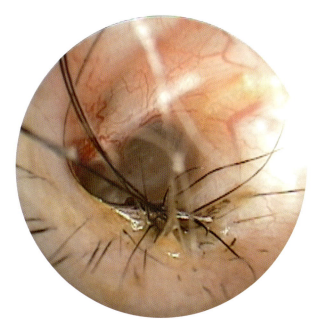

図8-17　症例1（210日後）
鼓膜外側面凹部の毛。

していた。長く伸びた毛の先端にも分泌物が観察された（図8-14）。毛を抜き去り分泌物を除去して清浄化した（図8-15）。

　治療を重ねるごとに耳道も鼓膜も回復し，鼓膜弛緩部の血管は明瞭となり鼓膜緊張部は透明度を増した。しかし毛はいっこうに少なくならず，定期的に除去と洗浄による処置が必要であった（図8-16, 8-17, 8-18, 8-19, 8-20, 8-21）。

　耳の改善とともに手舐め行動は消失した。

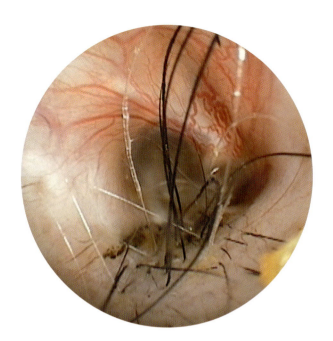

図8-18 症例1（210日後）
同時期の右耳の鼓膜周辺。

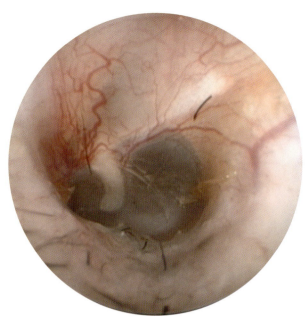

図8-20 症例1（917日後）
毛を除去した後の鼓膜周辺。

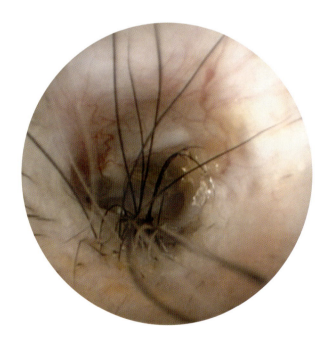

図8-19 症例1（917日後）
鼓膜外側面凹部の毛。

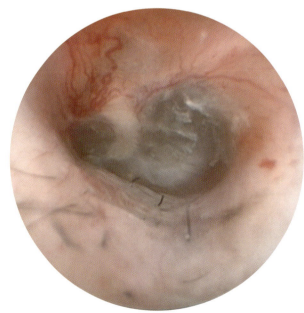

図8-21 症例1（917日後）
洗浄後の鼓膜，鼓膜に接触した毛の先端の刺激で，鼓膜緊張部の表面は損傷している。

(9) コメント

ミニチュア・シュナウザーの鼓膜外側面凹部には，剛毛の直立タイプの毛が多数存在し，耳道や鼓膜周辺には微生物が繁殖して難治性耳炎となりやすい。耳道内にも毛が多いため，上皮移動では分泌物を排出することができず悪化する。とくに食物アレルギーなど他に耳炎の原因を併せもつ場合は，通常の治療では治癒は望めない。

症例は，鼓膜の4-7時付近に多量の毛が挟まり（図8-7），生体はこの毛を排除しようと分泌物を多量に生産したと考えられる。さらに緑膿菌感染もあって分泌物の減少に手間取った。頻回の清浄化とともに耳道の腫れが軽減しそれに伴い毛が排出されて一気に治癒スピードが上がった。

鼓膜外側面凹部の毛は抜き去っても減少せず，定期的に摘出する必要がある。

また，剛毛の根元には微生物が繁殖していた。さらにこれらが毛を伝わって移動している（図8-14，8-16，8-17，8-19）。鼓膜に剛毛が接触しているので，聴覚に影響を与えていると思われる。また毛の刺激で鼓膜表面は傷ついていた（図8-21）。

緑膿菌感染は，患部を十分に清浄化してアミカシン（2～4mg/kg）を適切に投与することで対処可能である。アミカシン（推奨投与量14mg/kg）の副作用として難聴や腎障害があげられる。以下の点に留意することで安全に有効に作用させることができる。①尿中蛋白や血中のBUNおよびCreを測定して腎機能をモニターする。②腎血流量を適正に保つために点滴を行う。③頻回の細胞診や細菌培養を実施して他の抗菌剤が有効な場合は，すみやかに他の薬剤に変更する。

緑膿菌を薬剤のみで制圧するのは困難である。何よりも局所の清浄化が大切である。

(10) 改善すべき点

治療は，1～3回目まで5日おきに実施したが，もう少し頻回にできれば，局所を早期に清浄化でき，最短での治癒が可能になったと思われる。直立した毛の永久脱毛が安全にできれば良い状態が維持できる。

2）症例2　犬　右耳

ヨークシャー・テリア，去勢雄，16歳8か月，体重3.4kg。

(1) 毛のタイプ

直立タイプ。

(2) これまでの治療と現状

近医にて長期間治療を受けていた。ここ1か月間は，入院して抗菌剤の全身投与と耳への点耳薬が行われていた。局所療法は，洗浄液を投入してマッサージを行っていたとのことである。悪臭と膿汁分泌が続き，攻撃性がでたため当院を受診した。

(3) 初診時の細胞診

球菌（＋），マラセチア（＋＋）

(4) 細菌培養（初診時）

検出菌：*Staphylococcus intermedius*
　　　　（*Stap. pseudintermedius*）
有効：多くの薬剤

(5) 細菌培養（45日後）

検出菌：*Stap. pseudintermedius*
有効：CPDX，AMK，CP，FOM

(6) 薬　剤

全身療法：アミカシン点滴IV，ケトコナゾール。
局所療法：A液の点耳。

(7) 外耳炎の診断

耳道内腫瘤（耳垢腺腺腫）。

(8) 耳道内腫瘤の病理組織検査結果

耳垢腺導管部腺腫および過形成。

154　第8章　難治性耳炎の治療

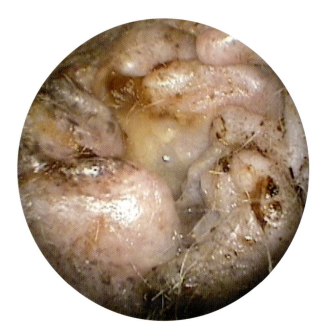

図 8-22　症例2（初診日）
耳道入口の分泌物。
【Movie 8-3】

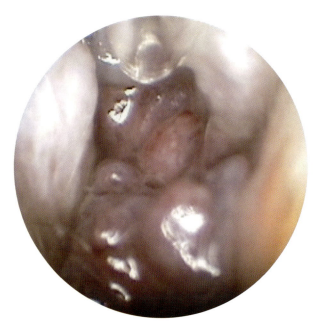

図 8-24　症例2（初診日）
耳道の腫瘤（拡大）。

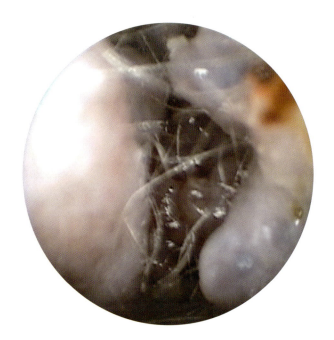

図 8-23　症例2（初診日）
耳道の腫瘤。

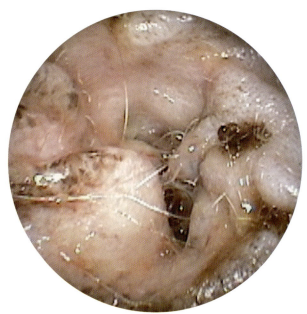

図 8-25　症例2（翌日）
耳道入口，分泌物はやや減少した。
【Movie 8-4】

(9) 治療・経過

　初診時（Movie 8-3），耳道入口には黄色の分泌物がベトベトと毛に絡まり悪臭を放っていた。毛を取り去り（図8-22）耳道内を観察したところ，垂直耳道には腫瘤が観察された（図8-23, 8-24）。耳道を清浄化したが，腫瘤の奥は清浄化しにくく入院加療とした。2回目（翌日，Movie

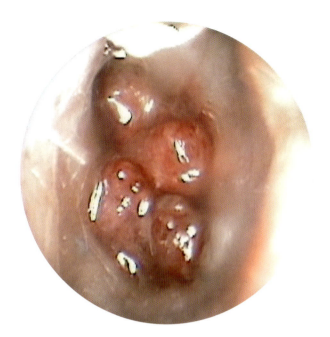

図8-26 症例2（翌日）
耳道の腫瘤。

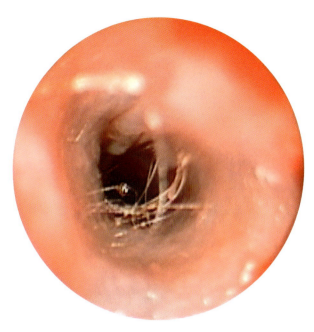

図8-28 症例2（翌日）
耳道内には毛が多数あった。

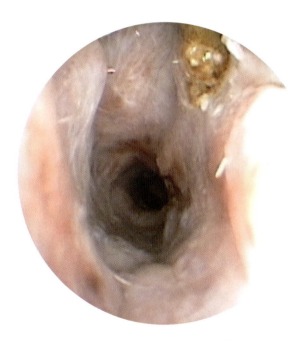

図8-27 症例2（翌日）
レーザーで腫瘤を摘出。

図8-29 症例2（4日後）
耳道入口，分泌物は減少した。
【Movie 8-5】

8-4）に耳道を清浄化した後，半導体レーザーを用いて腫瘤を切除した（図8-27）。腫瘤切除後の近位（水平耳道）には，膿汁が付着した毛が多数観察された（図8-28）。鼓膜周辺に滲出液はあったが損傷していなかった。腫瘤を切除したので，耳道および鼓膜はくまなく洗浄でき，十分に清浄化できた。3回目（4日後，Movie 8-5）には耳道入口および耳道の分泌物は激減した（図

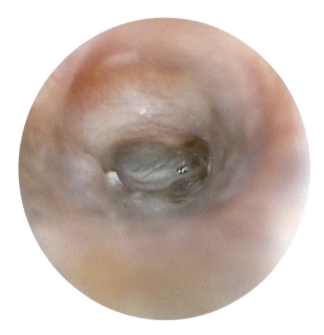

図 8-30　症例 2（4 日後）
弛緩部の血管は不明瞭，緊張部は不透明。

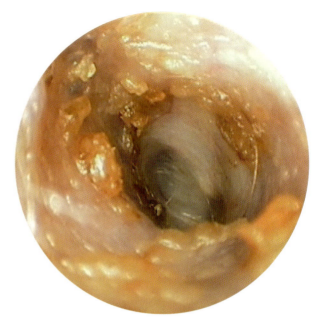

図 8-32　症例 2（45 日後）
耳道内の分泌物。

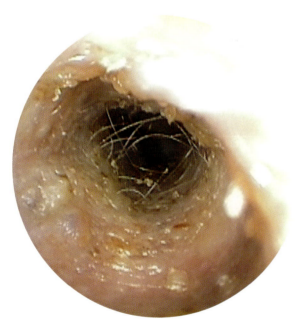

図 8-31　症例 2（45 日後）
耳道内の毛は復活し分泌物が絡まって炎症は再燃。
【Movie 8-6】

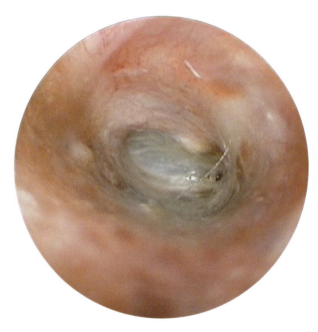

図 8-33　症例 2（45 日後）
不透明な緊張部と腫大した耳垢腺。

8-29）。鼓膜緊張部は不透明で弛緩部は腫れて血管は不明瞭であった（図 8-30）。4 回目（45 日後）には，再び耳道内の毛は伸び分泌物と絡まっていた（図 8-31）。黄色・粘稠性の分泌物は鼓膜まで続いていた（図 8-32）。分泌物を除去すると，その下層には耳垢腺が目立った。洗浄して清浄化した（図 8-33）。【Movie 8-6】

(10) コメント

ヨークシャー・テリアは耳道内に毛が多く（第4章「10. ヨークシャー・テリア」参照），通常の洗浄では，洗浄液と毛・分泌物が絡まり排出困難となり，耳道や鼓膜周辺には微生物が繁殖して難治性耳炎となりやすい。慢性炎症が続くと耳道内には過形成や腫瘤ができやすい。過形成や腫瘤により，洗浄はますます困難となり増悪化する。

本症例は，できる限り清浄化した後（腫瘤に占有されていたため，奥は十分には洗浄できない），半導体レーザーを用いて腫瘤を切除し，腫瘤の近位を十分に洗浄して鼓膜と耳道全体を清浄化した。鼓膜緊張部は不透明で，かつて損傷していたことが示唆された。一旦回復した耳道だが，45日後には，耳道内の毛が伸び，分泌物が絡んで炎症が再燃したので外耳炎の治療を再開した。初診時には多くの薬剤に感受性があったが，45日後には，耐性菌になった。慢性化した外耳炎には，油断せず，頻回に洗浄して徹底的に管理すべきである。

(11) 改善すべき点

Stap. pseudintermedius は薬剤耐性を獲得しやすい。耳垢腺腺腫（良性）を摘出して安心せずに3回から4回目までの間に，もっと頻回の治療をすべきであった。頻回治療をしていれば，4回目に分泌物増加と耐性菌の出現を防げたと考える。耳道内の毛の伸びも推定されていたことなので，頻回の治療を行うべきであった。

さらに，症例犬が16歳という高齢なので，疾病への抵抗力低下も考慮すべきであった。その後，定期的な洗浄で良い状態を維持している。

2. 難治性中耳炎

1) 症例3　犬　右耳

ミニチュア・ダックスフンド，避妊雌，2歳8か月，体重4.5kg。鼓膜損傷。

(1) 毛のタイプ

初診時には不明，治療とともに直立タイプであることが判明。

(2) これまでの治療と現状

近医にて幼犬時より治療を受けていた。局所は，洗浄液を用いてマッサージを行い，点耳薬の滴下を受けていた。また抗菌剤の全身投与が行われていた。改善せず当院を受診した。

(3) 初診時の細胞診

球菌（＋），マラセチア（＋＋）

(4) 細菌培養

陰性。

(5) アレルギー検査

ヤケヒョウヒダニ，コナヒョウヒダニ，フランスギク，オオアワガエリ，ニホンスギ，牛肉，豚肉，鶏肉，小麦，大豆，トウモロコシ，羊肉，ジャガイモ，米に陽性を示した。

(6) 薬　剤

全身療法：セフポドキシムプロキセチル，ケトコナゾール。
局所療法：ビデオオトスコープ療法時のみA液の点耳。
食事療法：z/d ULTRAに変更。その後アミノペプチドフォーミュラに変更。

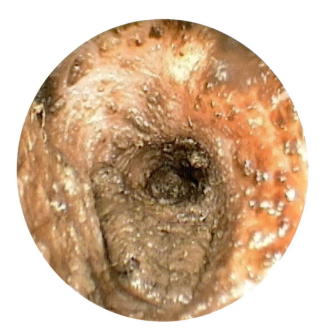

図 8-34　症例 3（初診日）
耳道内に充満した分泌物。

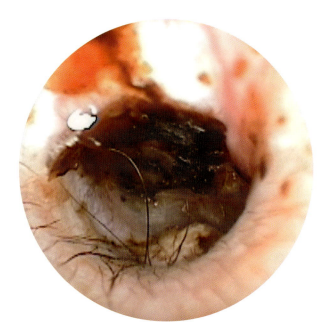

図 8-36　症例 3（13 日後）
直立タイプの毛の先に分泌物がある。

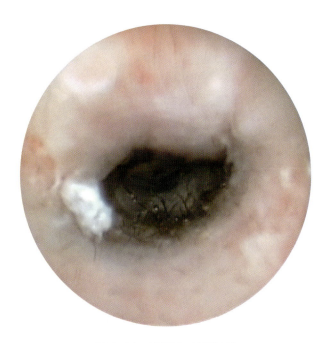

図 8-35　症例 3（初診日）
清浄化した鼓膜。

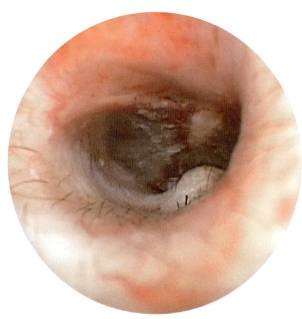

図 8-37　症例 3（13 日後）
清浄化した鼓膜，鼓膜緊張部の内側に出血がある。

(7) 中耳炎の診断

鼓膜損傷。

(8) 治療・経過

初診時，耳道入口から鼓膜まで茶褐色の分泌物が充満し悪臭を放っていた（図 8-34）。清浄化したところトップラインは腫れており鼓膜外側面凹部の直立タイプの毛が観察された（図 8-35）。2 回目（13 日後）には分泌物は激減した。直立タイプの毛は伸び，毛の先端の鼓膜弛緩部には茶褐色の分泌物が固着していた（図 8-36）。鼓膜外側

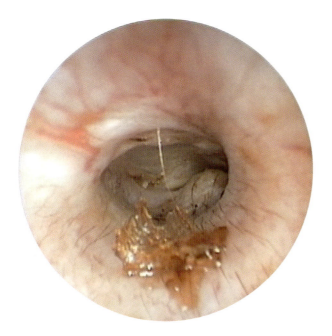

図8-38　症例3（20日後）
鼓膜外側面凹部に分泌物があり緊張部は不透明。

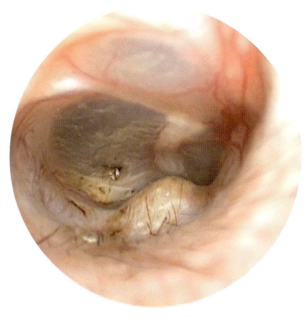

図8-40　症例3（27日後）
鼓膜緊張部は透明になり修復が進んだかに見えた。

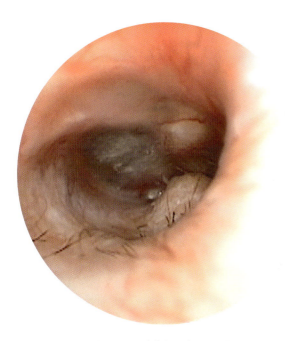

図8-39　症例3（20日後）
清浄化した鼓膜。鼓膜緊張部の内側6時に出血あり。

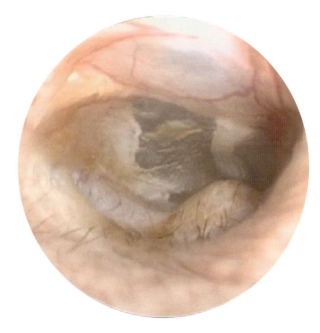

図8-41　症例3（56日後）
鼓膜緊張部の内側に不透明の部分が出現。

面凹部の毛を除去し清浄化したところ，緊張部6時とツチ骨柄の横が発赤していた（図8-37）。3回目（20日後），鼓膜外側面凹部には乾いた黄褐色の分泌物があった（図8-38）。摘出して清浄化するとツチ骨柄の部分は修復していたが，鼓膜緊張部6時の発赤部分は改善していなかった（図8-39）。4回目（27日後），鼓膜弛緩部の血管は明瞭になり鼓膜緊張部の透明度も増した（図8-40）。5回目（56日後），鼓膜緊張部の内側に不透明な部分が出現した（図8-41，8-42）。6

160　第8章　難治性耳炎の治療

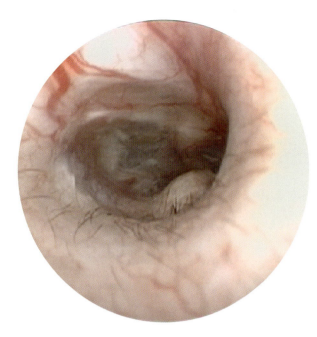

図8-42　症例3（56日後）
清浄化した鼓膜。

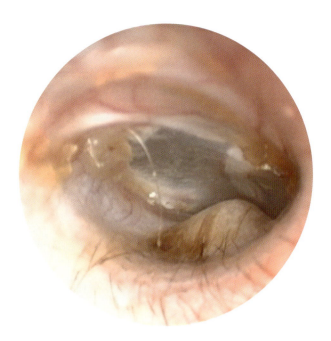

図8-44　症例3（234日後）
鼓膜緊張部の6時周辺に分泌物が貯留。

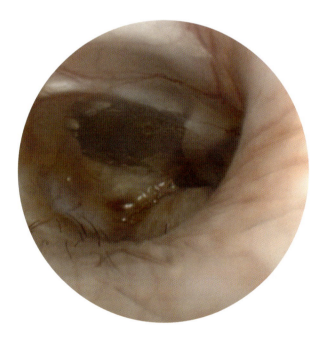

図8-43　症例3（126日後）
緊張部の炎症が再燃した。

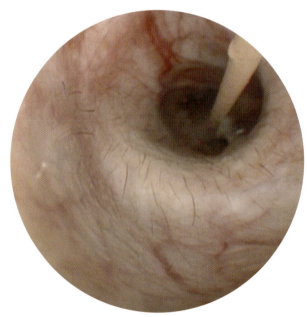

図8-45　症例3（234日後）
鼓膜緊張部の6時から分泌物が採取。

回目（126日後），緊張部の炎症が再燃した（図8-43）。8回目（234日後），鼓膜緊張部の6時から分泌物が採取された（図8-44，8-45）。生理的食塩水にて鼓室内を洗浄し清浄化した（図8-46）。15回目（521日後），再び鼓室内には黄褐色の分泌物が増殖した（図8-47）。鼓室内を清浄化した。17回目（598日後），鼓膜緊張部は修復したかに見えるが，鼓室内にはわずかに黄褐

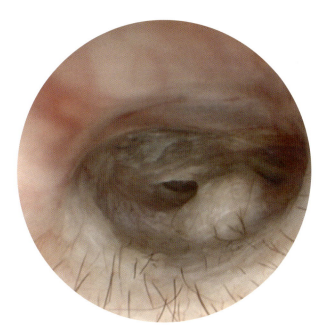

図 8-46　症例 3（234 日後）
鼓室洗浄後，緊張部には欠損部。

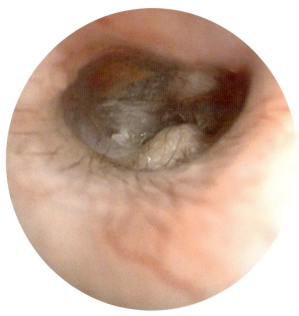

図 8-48　症例 3（598 日後）
鼓膜緊張部は修復したかに見えるが継続治療が必要。

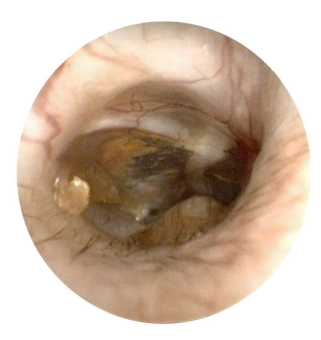

図 8-47　症例 3（521 日後）
鼓室内には黄褐色の分泌物が増殖。

色の分泌物が観察された（図 8-48）。定期的な治療が必要である。

(9) コメント

　鼓膜外側面凹部の毛が直立タイプの場合は難治性になることが多い。鼓膜外側面凹部に貯留した分泌物が直立タイプの毛を伝わって弛緩部に到達したと考えている。さらに分泌物は微生物の温床となり鼓膜を脆弱化し痒みを引き起こす。その結果，犬が足で耳を掻き外力で鼓膜のさらなる脆弱化を招く。5 回目に鼓膜緊張部に不透明な部分が観察されたのは中耳炎の初期症状と考えている。本症例は，アレルギーがあるため長い間耳炎を患ってきた。食事を変更することは容易だったが，環境因子（花粉等の空気中の飛散物）であるニホンスギに対しては困難であった。この犬の居住地はスギ花粉が多量に飛び交う地域であり，時期を同じくして耳の状態も悪化した（図 8-45）。

　2 回目の治療を早く実施したかったが，当時，飼い主は獣医師に懐疑的であり，強く勧めることができなかった。1 週間後に実施していれば，中耳炎は治癒した可能性がある。初期の頻回治療が効果的であると思う。

　1 〜 4 回目までは旧タイプのビデオオトスコー

プ，5回目からは新タイプを使用した。両者は解析能力が少し異なる。注意深く観察していれば，旧タイプのビデオオトスコープでも早くから中耳炎に気づいたのではないかと思う。また緊張部の6時はデリケートな部分であり今後も慎重に洗浄を続けたい。

①アレルギーをコントロールする。
②鼓膜外側面凹部の毛が直立タイプであれば，すみやかに除去する。
③初期治療を徹底する。少なくとも2回目の治療は7日以内に実施する。
④治療間隔を短くして分泌物の貯留を防ぐ。
　分泌物は微生物の温床であり，菌の繁殖は鼓膜に多くのダメージを与えてしまう。
　微生物の繁殖により痒みが強くなり，その結果，犬が足で掻くと物理的外力により鼓膜のさらなる損傷を招いてしまう。
⑤旧タイプの場合は，よく観察して見落としを少なくする。

3．アメリカン・コッカー・スパニエルの耳道閉塞

1）症例4　左耳

避妊雌，2歳9か月，体重9.8kg。

(1) 毛のタイプ

不明。

(2) これまでの治療と現状

近医にて幼犬時より頻回に治療を受けていた。局所は，洗浄液を用いてマッサージを行い，点耳薬の滴下を受けていた。また抗菌剤とステロイド剤の全身投与が行われていた。改善せず当院を受診した。

(3) 初診時の細胞診

球菌（+）

(4) 細菌培養

表8-1 参照。

(5) 血液検査

表8-2 参照。

表8-1　症例4の細菌培養検査所見

菌名 薬剤	初診日		9日後		33日目	77日目	
	Ps.	Stap.	Ps.	Stap.	Stap.	Ps.	Stap.
PIPC	S	R	S	R	R	S	R
CEX	R	R	R	R	R	R	R
CPDX	R	R	R	R	R	R	R
AMK	S	R	S	R	R	S	R
TOB	S	R	S	R	R	S	R
ABK		S		S	S		S
MINO	R	I	R	S	I	R	I
OFLX	I	R	I	R	S	R	R
LFLX	I	R	I	R	S	R	R
FOM	R	S	R	R	S	R	R
ST	R	S	R	S	S	R	S
VCM		S		S	S		S
TEIC		S		S	S		S
MUP		S		S	S		S
LZD		S		S	S		S

Ps.：*Pseudomonas aeruginosa*
Stap.：*Staphylococcus pseudintermedius*
S：有効，R：無効，I：中間

表 8-2 症例 4 の血液検査所見

血液一般検査	初診日	2日後	7日後	17日後	23日後	44日後	58日後	84日後	96日後
WBC（×10^2/μL）	232	202	184	100	114	143	110	144	76
RBC（×10^4/μL）	713	740	677	750	757	766	729	720	664
HGB（g/dL）	15.2	15.7	15.1	16.1	16.8	16.9	15.8	17.9	16.1
HCT（%）	48.5	50.1	46.3	51.4	52.1	52.6	49.6	48.8	45.5
MCV（fL）	68.0	67.7	68.4	68.5	68.8	68.7	68.0	67.8	68.5
MCH（pg）	21.3	21.2	22.3	21.5	22.2	22.1	21.7	24.9	24.2
MCHC（g/dL）	31.3	31.3	32.6	31.3	32.2	32.1	31.9	36.7	35.4
PLT（×10^4/μL）	50.4	42.1	39.5	34.4	47.5	27.9	41.2	49.5	56.2
RDW（%）	14.9	14.3	14.0	15.2	14.5	15.2	15.2	12.5	12.2
PCT（%）	0.28	0.23	0.24	0.20	0.25	0.16	0.22	0.27	0.35
MPV（fL）	5.5	5.5	6.0	5.8	5.3	5.9	5.3	5.4	6.3
PDW（%）	15.7	16.2	16.0	16.0	16.1	17.5	16.1	16.5	16.4
血液生化学検査									
Glu（mg/dL）	123		92		97	113	108	116	111
T-Cho（mg/dL）	186		167		245	313	313	280	215
BUN（mg/dL）	14		5		11	6	10	8	7
T-Bil（mg/dL）	0.2		0.2		0.2	0.3	0.2	0.3	0.2
GOT（AST）（IU/L）	10		10		10	10	10	10	10
GPT（ALT）（IU/L）	17		35		17	17	25	34	30
Cre（mg/dL）			0.9					0.8	0.6

(6) アレルギー検査

コナヒョウヒダニ，アスペルギルス，アルテリア，ペニシリウム，牛肉，羊肉，タラ，ジャガイモに陽性を示した。

(7) 薬　剤

全身療法：スルファメトキサゾールとトリメトプリムの合剤。
局所療法：ビデオオトスコープ療法時のみ A 液の点耳。
食事療法：アミノペプチドフォーミュラに変更。

(8) 中耳炎の診断

耳道の石灰化と閉塞，鼓膜確認不能。

(9) 病理検査

耳道の表皮は中程度に肥厚し，真皮は高度な線維化，一部は明瞭な骨形成。

(10) 高度画像診断

CT，MRI 検査でび漫性の炎症による耳道の肥厚が認められたが，左右鼓室内の特異所見はなし（図 8-49）。

(11) 治療・経過（図 8-50）

初診時，耳道は硬く閉ざされ，耳道入口には悪臭のある分泌物が存在していた（図 8-51）。左手で耳道をこじ開け硬性鏡を途中まで挿入し 3Fr の栄養カテーテルを用いて洗浄した。耳道の奥の石灰化は著しく鼓膜は確認できなかった（図 8-52）。2 回目（2 日後）には耳道入口には黄土

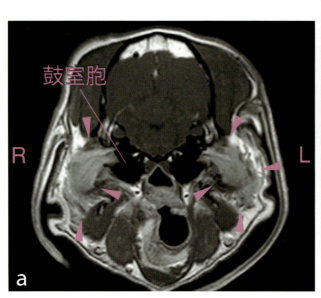 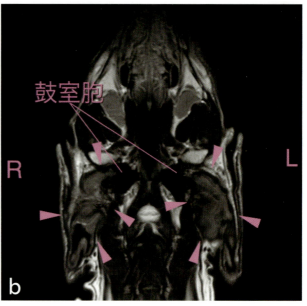

図 8-49　MRI 像
a：鼓室胞。造影後 T1 強調画像。b：背断像。鼓室〜耳道。T2 強調画像

日	0	1	2	3	4	5	6	7	8	9	10	11	12	13	14	15	16	17	18	19	20	21	22	23	24	25	26
VO 治療	○		○	○		○	○			○	○		○					○						○			
細菌培養	○									○																	
全身療法	←→←--→←――――――――――――――――→←→←――→←→←――――→																										
CT・MRI																										○	
日	27	28	29	30	31	32	33	34	35	36	37	38	39	40	41	42	43	44	45	46	47	48	49	50	51	52	53
VO 治療							○											○									
細菌培養							○																				
全身療法	←――――→←→←――――――――→←→←――――――――――→																										
CT・MRI																											
日	54	55	56	57	58	59	60	61	62	63	64	65	66	67	68	69	70	71	72	73	74	75	76	77	78	79	80
VO 治療					○																			○	○	○	
細菌培養					○																			○			
全身療法	←――――→←→←――――――――――――――――――→←――――→																										
CT・MRI																											
日	81	82	83	84	85	86	87	88	89	90	91	92	93	94	95	96	97	98	99	100							
VO 治療		○	○	OPE右	○				OPE左																		
細菌培養																											
全身療法	――――――――――――――――――――→																										
CT・MRI																											

図 8-50　症例 4 の治療経過
←→：アミカシン点滴 IV
←--→：スルファメトキサゾールとトリメトプリムの合剤投薬
←→：バンコマイシン点滴 IV

第8章　難治性耳炎の治療　165

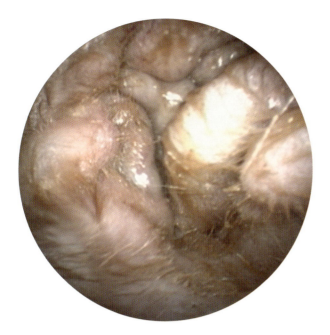

図8-51　症例4（初診日）
閉鎖した耳道入口。

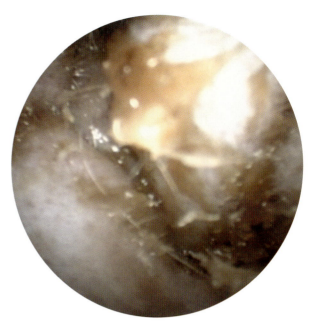

図8-53　症例4（2日後）
耳道入口には黄土色の分泌物が排出。

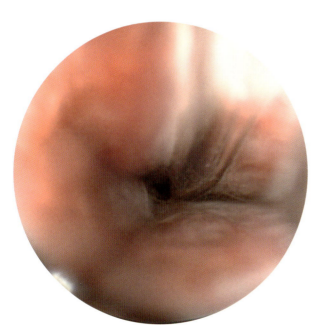

図8-52　症例4（初診日）
耳道の奥は，石灰化が著しい。

図8-54　症例4（2日後）
耳道内から剥がれた上皮が排出。

色の分泌物があふれ（図8-53），ねっとりとした上皮が排出した（図8-54）。5回目（6日後），耳道は少し開き分泌物が排出していた（図8-55）。

頻回の洗浄により耳道の発赤はやや軽減した（図8-56）。9回目（13日後），硬かった耳道が少し軟化しやや開いた（図8-57）。耳道の奥からは，

166　第8章　難治性耳炎の治療

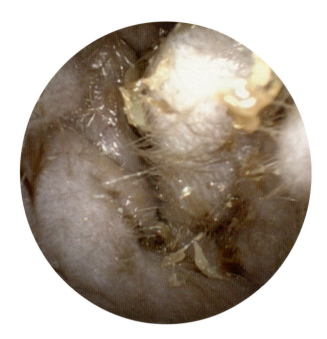

図8-55　症例4（6日後）
耳道入口が少し開いた。

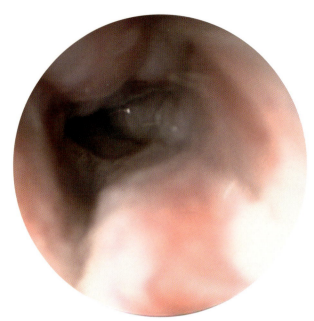

図8-57　症例4（13日後）
耳道は軟化しやや開いた。

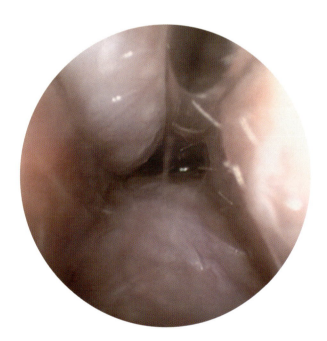

図8-56　症例4（6日後）
耳道の発赤はやや軽減した。

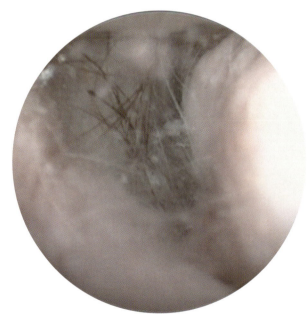

図8-58　症例4（13日後）
耳道の奥から多数の毛が排出した。

たくさんの毛が排出した（図8-58）。10回目（17日後），前回の毛の排出後，さらに耳道は開いた（図8-59）。25日後，CT，MRI検査実施。16回目（79日後），耳道入口の腫れは著しく改善した（図8-60）。

耳道は少しずつ開いたが，耳道の奥の石灰化は

第 8 章　難治性耳炎の治療　167

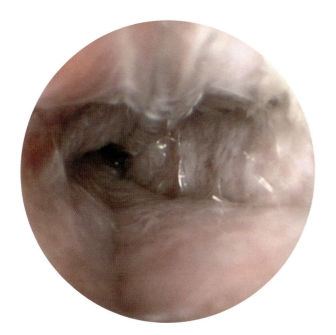

図 8-59　症例 4（17 日後）
耳道の奥がやや開いた。

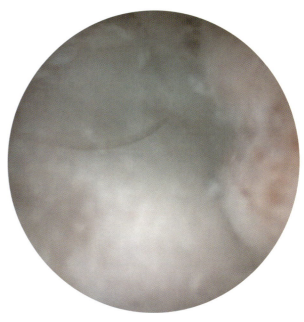

図 8-61　症例 4（79 日後）
石灰化が著しく，鼓膜は確認できなかった。

図 8-60　症例 4（79 日後）
耳道入口の腫れはやや改善した。

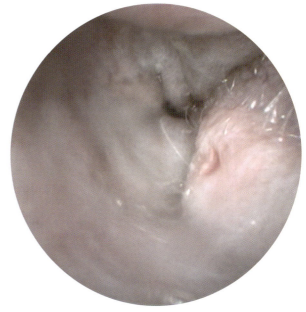

図 8-62　症例 4（89 日後）
鼓膜は確認できなかった。

著しく鼓膜は確認できなかった（図 8-61）。19 回目（89 日後），耳道は，初診時より開いたが鼓膜は確認できなかった（図 8-62）。そこで全耳道切除術（左右の耳）を行った。全耳道切除術時に は，V 字*部分に多くの毛と分泌物があり，丁寧に除去した（図 8-63, 8-64）。第 9 章 1.「1）全

*筆者による呼称。「本書を読むにあたって」ix 頁参照。

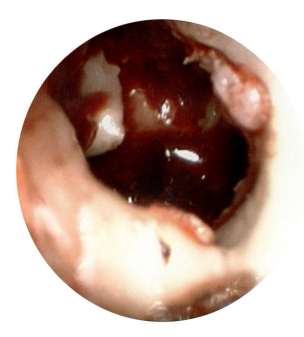

図8-63　症例4（89日後）
手術時の鼓室。

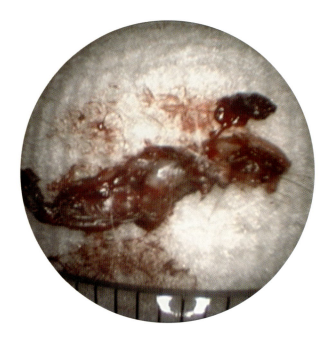

図8-64　症例4（89日後）
摘出したV字部分。

耳道切除術と合併症対策」参照。

（12）コメント

　初診時にはすでに耳道閉塞していたが，前日に治療を受けていたため，表面的には分泌物は少なかった。アメリカン・コッカー・スパニエルは耳介の耳道入口部分に比較的広いスペースがあるため，耳道閉塞が起きても気づきにくい。本症例も耳道閉塞しているにもかかわらず，延々と通常の治療が施されていた。耳道入口，耳道だけでなく，常に鼓膜を精査していれば，難治性へと移行することを防ぐことができたと思う。

　すぐに全耳道切除術（左右）を勧めたが，飼い主の同意を得るのに多くの日数が必要となった。ビデオオトスコープ療法により耳道入口から水平耳道の途中までは改善したが，鼓膜周辺の石灰化が著しく，CT，MRI検査結果より全耳道切除術を勧めた。さらに分離された細菌培養検査結果が，緑膿菌と *Staphylococcus intermedius*（*Stap. pseudintermedius*）だったため，早期に全耳道切除術が適応だと考えた。全耳道切除術後は安定した日々を送っている。

4．中耳炎（右耳）と耳道内腫瘤（左耳）のコントロール

1）症例5　犬　右耳

　フレンチ・ブルドッグ，雄，11歳10か月，体重8.95kg。

（1）毛のタイプ

　直立タイプ。

（2）これまでの治療と現状

　近医にて幼犬時より熱心に治療を受けていたとのことである。局所は，点耳薬の滴下を受けていた。全身的には，抗菌剤とステロイド剤の投与が行われていた。飼い主は，耳炎は治らないものと諦めていた。ただし一緒に寝ているため悪臭だけ

でも改善したいと当院を受診した。手術は希望しない。当院受診直前は，バイトリル，ラリキシン，プレドニゾロン，リゾチーム，ノイビタを内服しモメタオティックを塗布していた。受診 24 日前に斜頸があったとのことである。現在斜頸はない。

(3) 初診時の細胞診

球菌（++），マラセチア（++）

(4) 細菌培養

検出菌：*Staphylococcus intermedius*
　　　　（*Stap. pseudintermedius*）（表 8-3）
有効：ABK, MINO, VCM, TEIC, MUP, LZD
中間：AMK, TOB
無効：PIPC, CEX, CPDX, OFLX, LFLX, FOM, ST

表 8-3 症例 5 の細菌培養検査所見（右）

薬剤＼菌名	初診日	4 日後
	Staphylococcus intermedius (*Sta. pseudintermedius*)	
PIPC	R	R
CEX	R	S
CPDX	R	S
AMK	I	I
TOB	I	I
ABK	S	
MINO	S	S
OFLX	R	R
LFLX	R	R
FOM	R	R
ST	R	R
VCM	S	S

S：有効，R：無効，I：中間

表 8-4 症例 5 の血液検査所見

血液一般検査	初診日	12 日後	17 日後	24 日後	34 日後
WBC（×10²/μL）	60	61	96	62	70
RBC（×10⁴/μL）	631	582	690	672	672
HGB（g/dL）	14.8	13.5	16.1	15.5	15.7
HCT（%）	46.1	42.2	50.2	48.3	48.3
MCV（fL）	73.1	72.5	72.8	71.9	71.9
MCH（pg）	23.5	23.2	23.3	23.1	23.4
MCHC（g/dL）	32.1	32.0	32.1	32.1	32.5
PLT（×10⁴/μL）	38.6	46.2	56.7	50.8	44.2
RDW（%）	13.8	13.2	13.4	13.8	13.3
PCT（%）	0.15	0.19	0.26	0.24	0.24
MPV（fL）	4.0	4.1	4.6	4.7	5.4
PDW（%）	15.9	15.4	15.7	14.6	15.6
血液生化学検査					
Glu（mg/dL）	95	112	106	95	
T-Cho（mg/dL）	291	231	250	257	
BUN（mg/dL）	5	5	5	5	
T-Bil（mg/dL）	0.2	0.2	0.2	0.2	
GOT（AST）（IU/L）	21	11	15	10	
GPT（ALT）（IU/L）	536	205	168	10	
Cre（mg/dL）	0.7	0.6	0.8	0.6	0.5
ALP（U/L）	922	341	275	201	213

日付	0	1	2	3	4	5	6	7	8	9	10	11	12	13	14	15	16	17	18	19	20	21	22	23
VO治療	○			○	◎		○			○			○				○							
細菌培養	○				○					○														
全身療法	←→ ←·→ ←—————————————→ ←———————————————→ ←·→
CT・MRI検査		○																						

日付	24	25	26	27	28	29	30	31	32	33	34	35	36	37	38	39	40	41	42	43	44	45	46	47
VO治療	○										○													
細菌培養	○										○													
全身療法	←→ ←·······→ ←→ ←······················→
CT・MRI検査																								

図 8-65　症例 5 の治療経過
◎：VO 治療時にレーザー
⟷：アミカシン点滴 IV, ⟷：バンコマイシン点滴 IV, ⟵·⟶：セフポドキシムプロキセチル PO

(5) 細菌培養（4 日後）

検出菌：*Staphylococcus intermedius*
　　　　（*Stap. pseudintermedius*）

有効：CEX，CPDX，MINO
中間：AMK，TOB
無効：PIPC，OFLX，LFLX，FOM，ST

(6) 血液検査

表 8-4 参照。

(7) アレルギー検査（8 年前）

草，雑草，樹木，真菌/カビ，ハウスダスト，ハウスダスト/ダニ，小麦，羊肉，米，ニンジン，玄米，ナマズ，シシャモ，黄色ブドウ球菌，マラセチアに陽性を示す。

(8) 薬　剤

全身療法：細菌培養検査結果がでるまでアミカシンの点滴 IV，4 日後からバンコマイシンの点滴 IV。
局所療法：ビデオオトスコープ療法時のみ A 液の点耳。
食事療法：z/d ULTRA に変更。

(9) 高度画像診断

CT 検査（図 8-83 参照），MRI 検査（図 8-84 参照）。

(10) 治療・経過（図 8-65）

初診時，耳道内には白茶色の乾いた分泌物が固着していた（図 8-66）。洗浄中に耳道の奥からは毛が数本排出した（図 8-67）。さらに奥まで洗浄すると耳道が少し開き茶色の分泌物が排出しトップラインが腫れ直立タイプの毛が観察された（図 8-68）。2 回目（3 日後），耳道はさらに開いた。把持鉗子を用いて奥から多数の茶色の分泌物を摘出した（図 8-69, 8-70）。さらに耳道の奥に 3Fr の栄養カテーテルを挿入して膿性の分泌物を

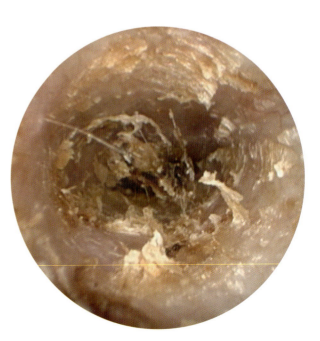

図 8-66　症例 5（初診日）
耳道内には乾いた分泌物が固着。

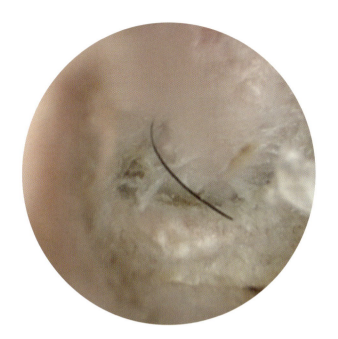

図 8-67　症例 5（初診日）
耳道の奥から毛が排出。

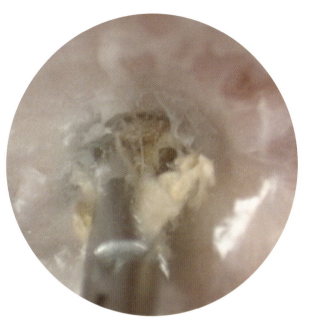

図 8-69　症例 5（3 日後）
把持鉗子を用いて分泌物を摘出。

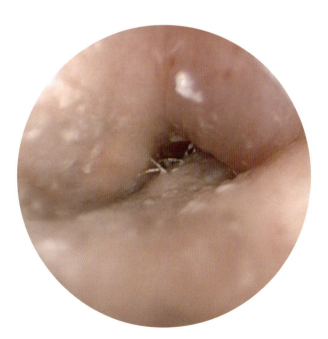

図 8-68　症例 5（初診日）
洗浄後トップラインが腫れ直立タイプの毛が観察。

図 8-70　症例 5（3 日後）
摘出した分泌物。

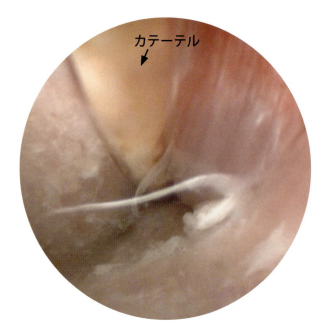

図8-71 症例5（3日後）
カテーテルで吸引。

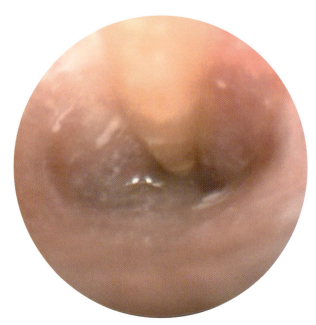

図8-73 症例5（4日後）
カテーテルで吸引。

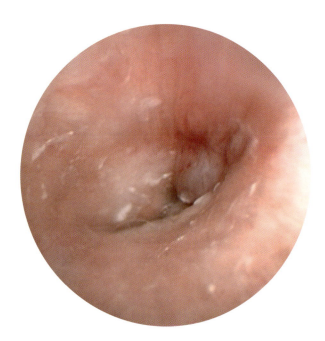

図8-72 症例5（3日後）
耳道は再び閉塞した。

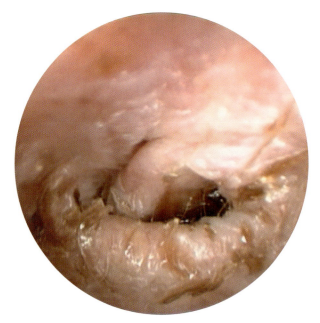

図8-74 症例5（12日後）
耳道は開き，分泌物が排出。

吸引した（図8-71）。吸引後，耳道は閉塞した（図8-72）。3回目（4日後），分泌物の吸引に伴い耳道は開き，鼓室から分泌物を吸引した（図8-73）。6回目（12日後），耳道はさらに開き分泌物が排出した（図8-74）。7回目（16日後），さらに耳道は開き，鼓室から茶色の分泌物が排出した（図8-75）。洗浄後，耳道は再び閉塞した（図8-76）。8回目（24日後），耳道の奥からの分泌

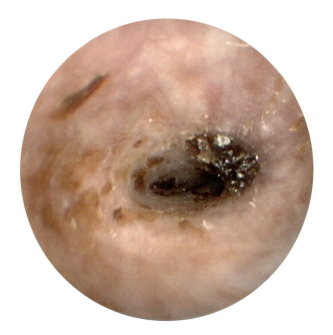

図 8-75　症例 5（16 日後）
耳道の奥から分泌物が排出。

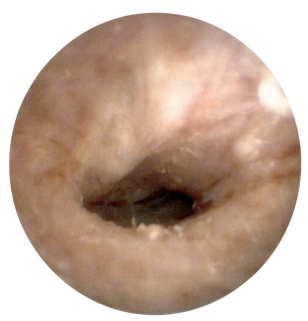

図 8-77　症例 5（24 日後）
耳道の奥の分泌物は激減した。

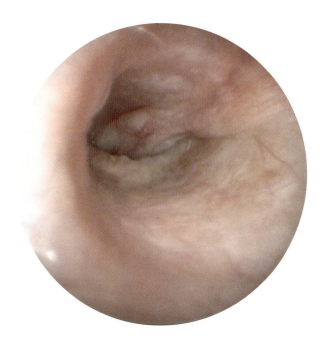

図 8-76　症例 5（16 日後）
清浄化した耳道。

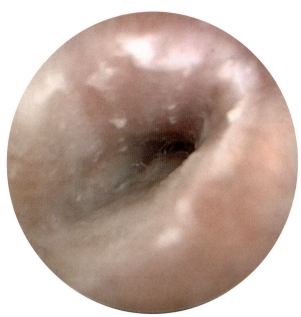

図 8-78　症例 5（24 日後）
洗浄後の耳道。

物は激減した（図 8-77）。清浄化したところ耳道はまた閉塞した（図 8-78，8-79）。9 回目（34 日後），再び洗浄した。分泌物は激減し経過は良好である（図 8-80，8-81，8-82）。

(11) コメント

　右耳は，Staphylococcus intermedius（Stap. pseudintermedius）に感染していた。経過が長

174　第8章　難治性耳炎の治療

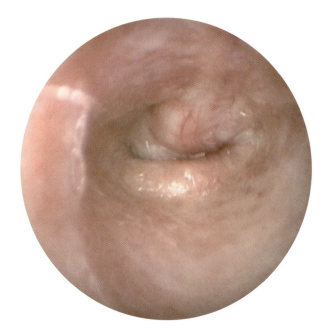

図 8-79　症例 5（24 日後）
耳道は閉塞。

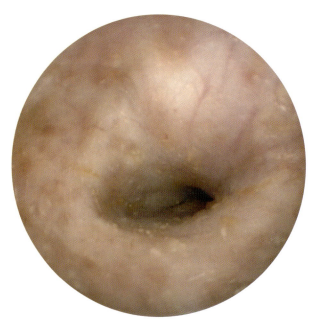

図 8-81　症例 5（34 日後）
洗浄後の耳道。

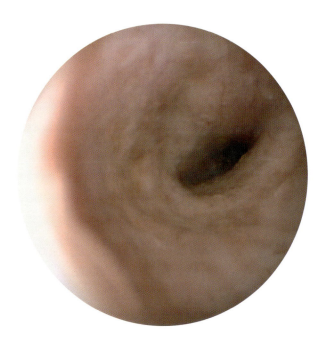

図 8-80　症例 5（34 日後）
分泌物は減少した。

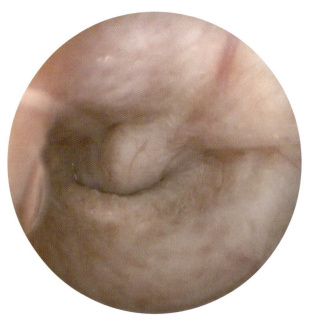

図 8-82　症例 5（34 日後）
耳道は閉塞。

かったこと，熱心に治療していたことから，排出される菌は，難治性であることが推測された。そこで，入院加療し徹底的に洗浄した。当初，アミカシンの全身投与を実施した（比較的感受性がある場合が多かったため暫定的に使用）。細菌培養検査の中間報告がでた時点で Stap. pseudintermedius の感染を想定してバンコマイシンの投与を開始した。細菌培養結果は，耐性菌であり，結果的にバンコマイシンの投与は功を奏した。バンコマイシンは 14 日間を限度として用いた。バンコマイシンの副作用である腎障害は，毎日の尿検査（蛋白尿の検出）および定期的な血

液検査（BUN, Cre）等で判断した。毎日ソルデム1の点滴も行い腎臓へのダメージはなかった。

局所は，徹底的に洗浄することで耳道が開き耳道の奥や鼓室に溜まった分泌物を摘出することができた。耳道の奥・鼓室からは毛が排出し耳炎悪化に関与していた。洗浄により耳道が開くと分泌物が排出し，分泌物を除去するとまたさらに耳道が開いて，鼓室から分泌物が摘出できて耳道と鼓室は浄化できた。

鼓膜外側面凹部の毛が直立タイプであり，鼓室の清浄化の時に，毛が排出していることから，第4章「3. フレンチ・ブルドッグ」に示すように，外耳炎の段階で毛を除去していれば悪化を防ぐことができたと考える。

耳炎の回復は良好であった。しかし，耐性菌が関与していたことから全耳道切除術を実施すべきである。左耳の腫瘤（骨形成を伴う線維性ポリープ摘出）を併せて治療したため16日間入院加療した。

耐性菌に感染した耳炎は，以下の2点を実施することで治癒する。どちらも大切で，一方が欠けると成功しない。また，中耳炎や内耳炎の治療には入院が必要である。

①細菌を撲滅する。
　Staphylococcus intermedius（*Stap. pseudintermedius*）に対してはバンコマイシンを使用し，14日間を限度とした。副作用である腎障害は，尿（蛋白尿）や血液検査（BUN, Cre）等でモニターした。また腎臓保護の目的でソルデム1の点滴静注を行った。梅雨や夏季の高温多湿の時期に再燃する可能性があり，完治するには全耳道切除術が必須である。

②徹底した清浄化を行う。
　耳道や鼓室の徹底した清浄化を実施する。鼓室から毛が排出し，耳炎悪化に関与していた。

2）症例6　症例5の左耳

(1) 毛のタイプ

直立タイプ。

(2) 初診時の細胞診

桿菌（＋＋＋）

(3) 細菌培養

検出菌：*Escherichia coli*
有効：PIPC, CEX, CPDX, AMK, TOB, FOM, ST
中間：MINO
無効：OFLX，LFLX

(4) 細菌培養（9, 24, 34日後）

検出菌：陰性

(5) 薬剤

全身療法：症例5に同じ。
局所療法：症例5に同じ。

(6) 病理検査

①鼓膜周辺の腫瘤：骨形成を伴う線維性ポリープ。
　表面を重層扁平上皮により覆われ，大部分は膠原線維で形成されており，中心部に血管新生および炎症細胞の浸潤が認められた。また一部で骨形成がみとめられた。慢性炎症に伴って形成されたものと思われる。鼻咽頭ポリープを思わせる組織像はない。
②垂直耳道の腫瘤：上皮の過形成および真皮の線維性過形成（線維上皮乳頭腫）。
　上皮細胞および真皮の膠原線維の不規則な乳頭状増生からなる組織。非腫瘍性病変である。

(7) 高度画像診断

CT検査（図8-83）：黄色矢頭は耳道内腫瘤の可能性があるが周囲の石灰化（水色矢頭）との区別は難しい。CT検査だけで診断することはできない。

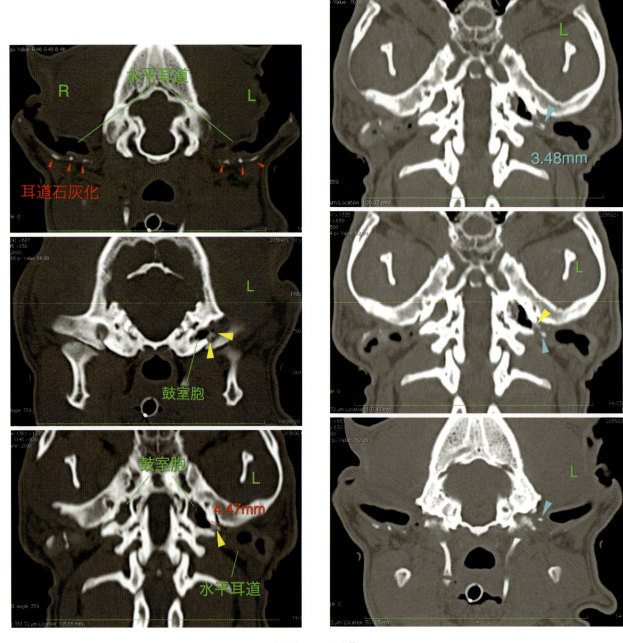

図 8-83　CT像

MRI 検査（図 8-84）：鼓室に炎症・炎症産物の貯留等を疑う。前庭蝸牛神経に特異的所見は認められない。

(8) 中耳炎の診断

鼓膜の消失。

(9) 治療・経過

初診時，耳道入口から垂直耳道にかけて茶褐色の粘稠性の分泌物が充満していた（図 8-85）。分泌物を除去すると耳道の奥には腫瘤があった（図 8-86）。垂直耳道には小さな腫瘤があった（図 8-87）。耳道は爛れ，清浄化すると腫瘤は鼓膜周

第8章 難治性耳炎の治療　177

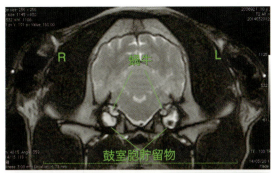

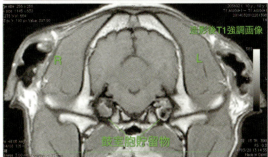

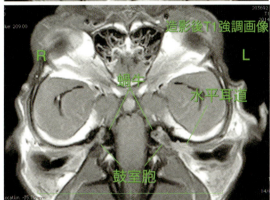

図8-84　MRI像

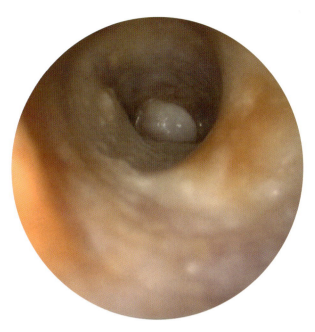

図8-86　症例6（初診日）
耳道の奥には腫瘤があった。

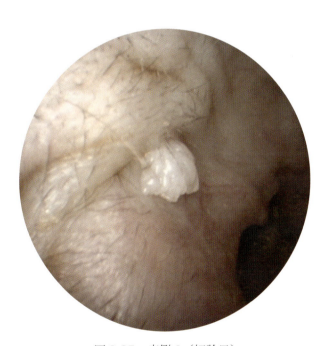

図8-87　症例6（初診日）
垂直耳道の腫瘤。

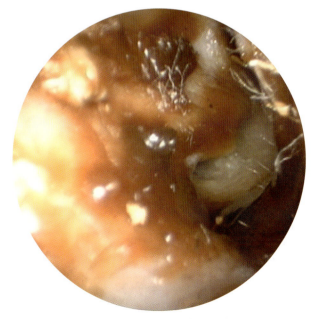

図8-85　症例6（初診日）
耳道には茶褐色の粘稠性の分泌物が充満。

辺に存在していた（図8-88）。2回目（3日後），耳道入口の分泌物は激減し腫瘤の周辺には白茶色の分泌物が輪になって存在していた（図8-89）。耳道の腫れは少し軽減して開き，腫瘤に沿ってカテーテルを挿入し腫瘤の奥を洗浄した。腫瘤が

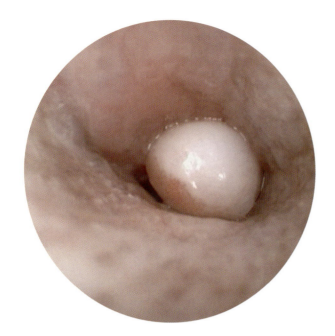

図 8-88 症例 6（初診日）
鼓膜をふさぐように腫瘤があった。

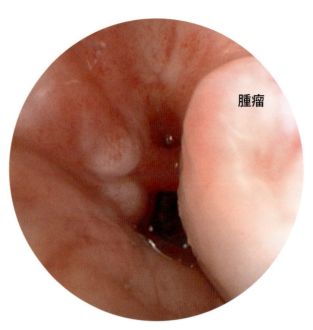

図 8-90 症例 6（3 日後）
耳道は赤く血管に富み浮腫状態。

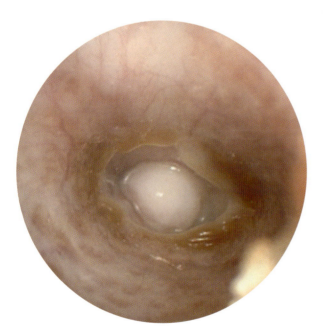

図 8-89 症例 6（3 日後）
腫瘤の周りの白茶色の分泌物。

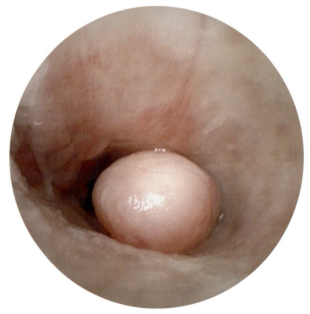

図 8-91 症例 6（3 日後）
腫瘤の周辺を清浄化。

　密着した耳道は赤く血管に富み浮腫状だった（図8-90）。腫瘤の周辺を清浄化した（図8-91）。
　3回目（4日後），前日徹底的に清浄化したが，腫瘤の周辺から分泌物が排出していた（図8-92）。腫瘤周辺を清浄化し（図8-93），把持鉗子を用いて腫瘤を摘出した。次に半導体レー

第 8 章　難治性耳炎の治療　179

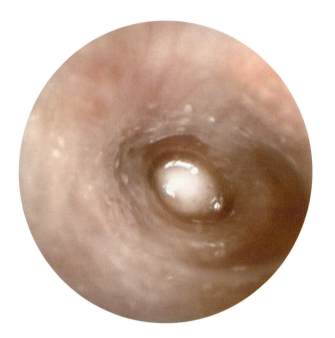

図 8-92　症例 6（4 日後）
腫瘤の周辺から再び分泌物が排出。

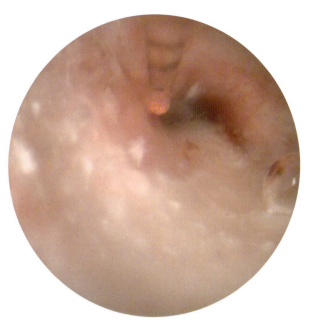

図 8-94　症例 6（4 日後）
半導体レーザーを用いて腫瘤の起始部を蒸散した。

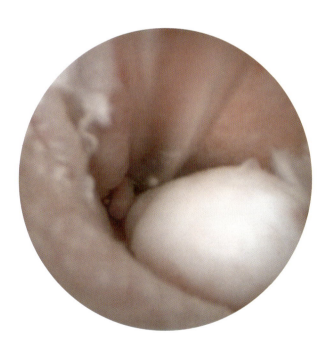

図 8-93　症例 6（4 日後）
腫瘤の奥を清浄化。

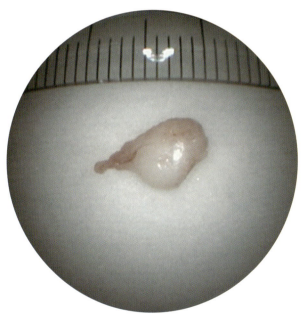

図 8-95　症例 6（4 日後）
摘出した腫瘤（骨組織）。

ザーを用いて腫瘤の起始部を蒸散した（図 8-94，8-95）。腫瘤が密着していた耳道の部位は下垂し，鼓室から空気が排出した（図 8-96）。鼓室の上部から粘膜が垂れ下った（図 8-97）。鼓室を洗浄した。鼓膜外側面凹部の毛は直立タイプであった（図 8-98）。鼓室を洗浄後，耳介の牽引を

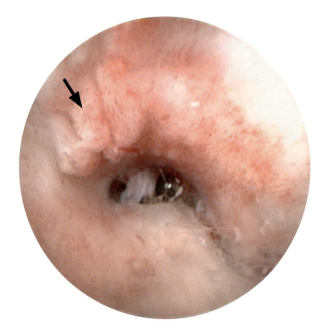

図 8-96　症例 6（4 日後）
耳道の一部が下垂（矢印）。

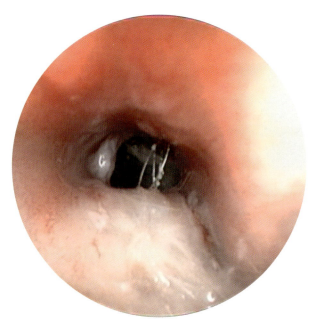

図 8-98　症例 6（4 日後）
鼓膜外側面凹部の毛は直立タイプ。

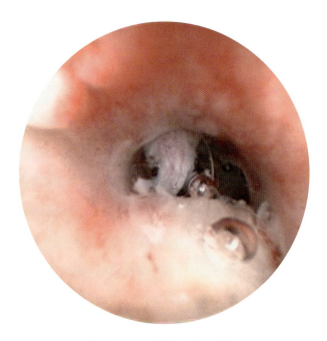

図 8-97　症例 6（4 日後）
鼓室の上部から粘膜が垂れ空気が排出した。

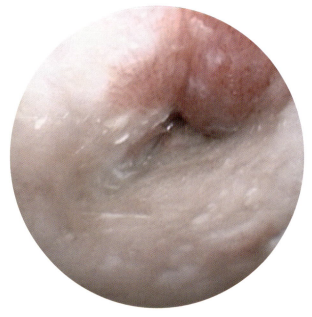

図 8-99　症例 6（4 日後）
耳介の牽引を緩めると耳道は閉塞した。

緩めると耳道は閉塞した（図 8-99）。半導体レーザーを用いて垂直耳道内の腫瘤を切除した（図 8-100，8-101）。4 回目（6 日後），耳道の奥には薄茶色の分泌物が貯留し（図 8-102），清浄化した（図 8-103）。5 回目（9 日後），分泌物は少なくなり（図 8-104）清浄化した。7 回目（16

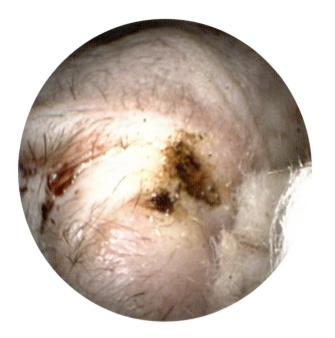

図 8-100　症例 6（4 日後）
垂直耳道内の腫瘤を切除した。

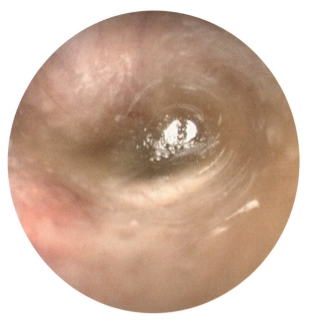

図 8-102　症例 6（6 日後）
耳道の奥に薄茶色の分泌物が貯留。

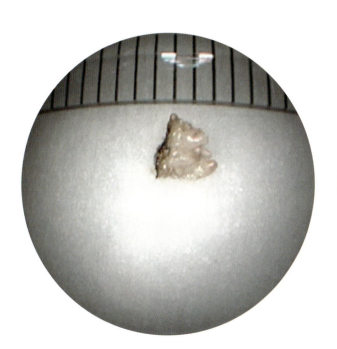

図 8-101　症例 6（4 日後）
切除した垂直耳道内の腫瘤（線維上皮乳頭腫）。

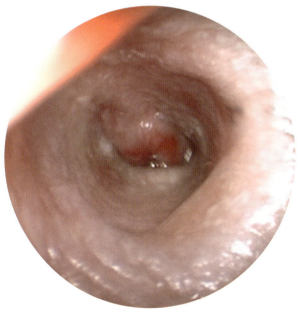

図 8-103　症例 6（6 日後）
清浄化後，耳介の牽引を緩めると耳道の奥は閉塞した。

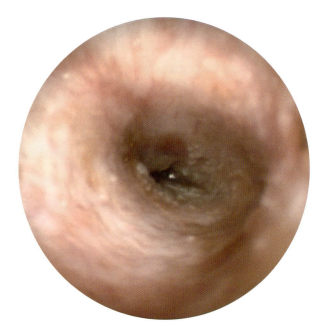

図 8-104　症例 6（9 日後）
分泌物は少なくなった。

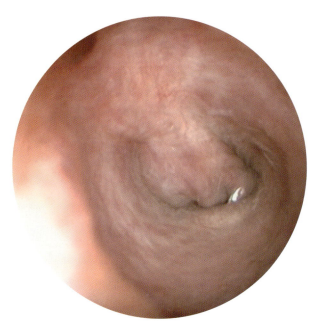

図 8-106　症例 6（16 日後）
清浄化後，耳介の牽引を緩めると耳道の奥は閉塞した。

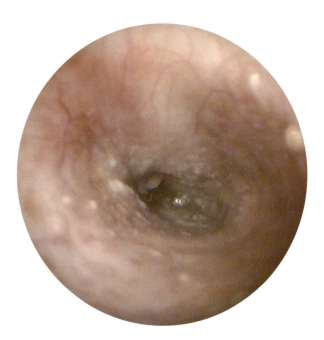

図 8-105　症例 6（16 日後）
分泌物の色は薄くなり量も減少した。

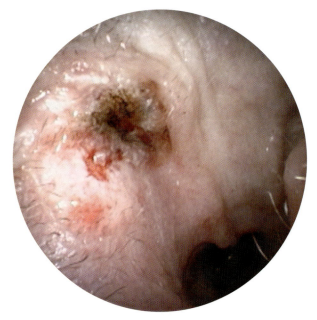

図 8-107　症例 6（16 日後）
垂直耳道の腫瘤の切除部位の治癒は遅かった。

日後），分泌物の色は薄くなり少量になった（図 8-105）。清浄化し耳介の牽引を緩めると耳道は閉塞した（図 8-106）。耳道の肌理は相変わらず粗く，垂直耳道の腫瘤の切除部位の治癒は遅かった（図 8-107）。8 回目（24 日後），前回から 8 日後になり，耳道の奥からの分泌物は白色となり

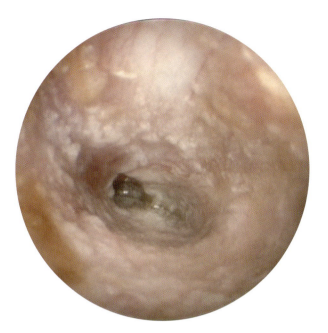

図 8-108　症例 6（24 日後）
耳道の奥の分泌物は白色になり減少した。

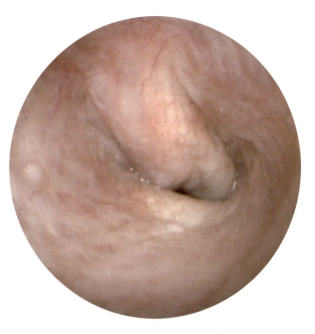

図 8-110　症例 6（24 日後）
耳介の牽引を緩めると耳道の奥は閉塞した。

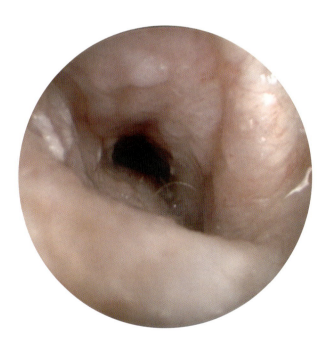

図 8-109　症例 6（24 日後）
耳道の奥は閉塞しなかったがきれいだった。

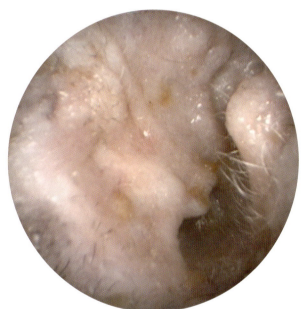

図 8-111　症例 6（34 日後）
耳道入口の分泌物は減少した。

減少した（図 8-108）。耳道の奥は相変わらず閉塞しなかったがきれいだった（図 8-109）。耳介の牽引を緩めると耳道は閉塞し鼓室は隠れた（図 8-110）。9 回目（34 日後），耳道入口の分泌物は減少し耳道の奥には黄褐色の分泌物があった。再び洗浄すると前回同様であった（図 8-111，

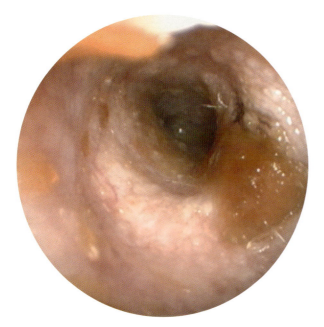

図8-112　症例6（34日後）
耳道の奥には黄褐色の分泌物があった。

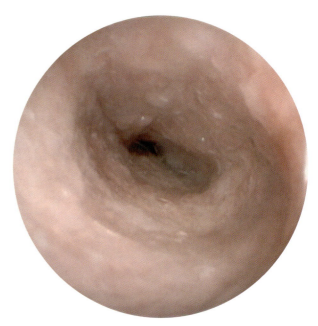

図8-113　症例6（34日後）
耳道は閉塞した。

8-112, 8-113）。

(10) コメント

　CT・MRI検査は中耳炎や内耳炎の診断として大きな支持を得ており有用な検査である。MRI検査は鼓室の液体貯留の鑑別に有用であり，本症例においても鼓室の炎症・炎症産物の貯留が明示された。一方CT検査においては，鼓膜周辺の腫瘤（骨形成を伴う線維性ポリープ）は，耳道の石灰化との区別が困難であった。また，第9章2.「1）症例1」におけるパグの症例の腫瘤（骨組織）においても同様であった。このことから，鼓膜周辺における腫瘤の診断にはCT・MRI検査とともにビデオオトスコープによる検査が必須である。

　耳炎の初期が不明なので，まったくの推測になってしまうが，鼓膜外側面凹部の毛が，直立タイプであったため，難治性へと移行したのではないかと考える。

　鼓室は解放されたままである。フレンチ・ブルドッグ故に耳道の奥はいつも閉塞しているが，鼓室粘膜から分泌物が生産され常に細菌感染のリスクがある。飼い主は，患犬が元気になり，短期間に快適な生活を手に入れたことから，この状態を維持することを望み，全耳道切除術を承諾しなかった。しかし鼓室が露出していることから，やがて細菌感染が再燃することを説明し近日中に両耳の全耳道切除術の実施を予定した。

(11) 推　論

　鼓膜周辺の腫瘤（骨性）は悪性のことは少なく，炎症の長期化の末に出現することが多い。腫瘤があると鼓室は比較的良好な場合が多い。あたかも腫瘤によって鼓室は外部からの刺激（膿や洗浄液やマッサージなど）から守られているようにも思える。つまり腫瘤は鼓室を守るために出現したのではないか，炎症の波及を防ぐ生体反応ではないかとの印象をもっている。慢性炎症が何らかのグロスファクターを刺激して腫瘤が形成されるのではないかと推察している。

5．水平眼振

1）症例 7　猫　右耳【Movie 8-7】

ミックス，避妊雌，8歳2か月，体重 4.5kg。

(1) 毛のタイプ

初診時，耳垢塊を除去すると直立タイプの毛が観察された。

(2) これまでの治療と現状

水平眼振があった。元気食欲なく体調不良のため来院した。耳介が汚れるため，自宅で綿棒による処置が行われていた。ビデオオトスコープ検査により，左右の耳道には耳垢塊が認められ，ビデオオトスコープ療法を実施した。ここでは右耳について報告する。

(3) 初診時の細胞診

球菌（＋），マラセチア（＋＋）

(4) 細菌培養

検出菌：*Escherichia coli*, *Enterococcus faecalis*（表 8-5）
有効：PIPC，AMPC/CVA，OFLX，LFLX，CPFX
無効：FOM

(5) 薬　剤

全身療法：セフォベシンナトリウム他。イトラコナゾール。

表 8-5　症例 7 の細菌培養検査所見（右）

菌名 / 薬剤	初診日 E. coli	初診日 Ent. faecalis
PIPC	S	S
AMPC/CVA	S	S
CPDX	S	R
GM	S	R
AMK	S	R
TOB	S	R
OFLX	S	S
LFLX	S	S
CPFX	S	S
FOM	R	R
ST	S	R

E. coli：*Escherichia coli*
Ent. faecalis：*Enterococcus faecalis*
S：有効，R：無効

局所療法：ビデオオトスコープ療法時のみ A 液の点耳。

(6) 中耳炎・内耳炎の診断

鼓膜損傷および眼振。

(7) 治療・経過（図 8-114）

初診時，耳道には黄色の耳垢塊があった（図 8-115）。耳垢塊は粘稠性があり，容易には除去

日付	0	1	2	3	4	5	6	7	8	9	10	11	12	13	14	15	16	17	18	19	20	21	…	132	133	134
VO 治療	○																						…	○		
細菌培養	○																						…	○		
全身療法	←→		←--→			←----------------------→																	…	←→	←--→	

図 8-114　症例 7 の治療経過
←→：ピペラシリンナトリウム点滴 IV，←--→：セフォベシンナトリウム SC，←--→：オルビフロキサシン PO

186　第8章　難治性耳炎の治療

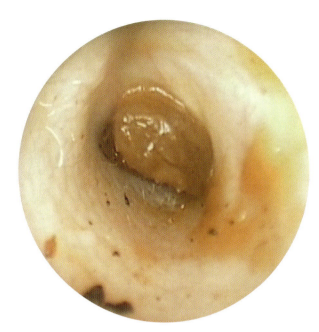

図8-115　症例7（初診日）
耳道内には耳垢塊があった。
【Movie 8-8】

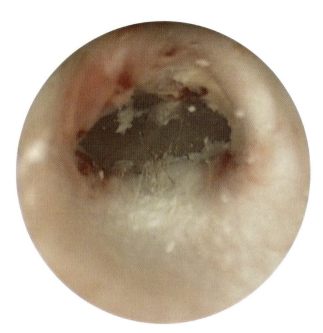

図8-117　症例7（初診日）
破損した鼓膜が観察。

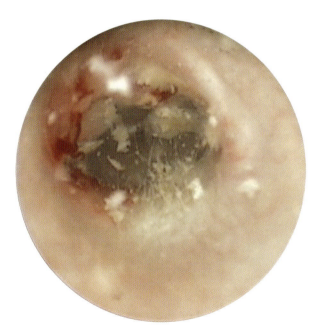

図8-116　症例7（初診日）
洗浄すると直立の毛が観察された。

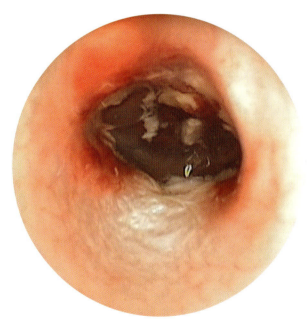

図8-118　症例7（初診日）
鼓室を清浄化した。

できなかった。把持鉗子とカテーテルを用いて除去し洗浄したところ，鼓膜と軟骨輪との接合部の腹側には多数の直立タイプの毛が観察され た（図8-116）。鼓膜は破損していた（図8-116，8-117）。続いて鼓室を清浄化した（図8-118）。2回目（14日後）の検査時には鼓膜周辺には分

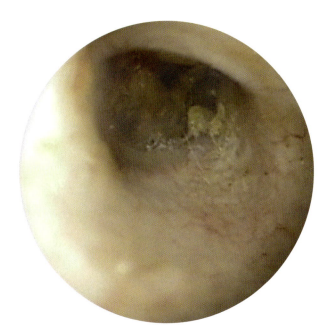

図8-119　症例7（14日後・検査）
鼓膜には分泌物が付着。

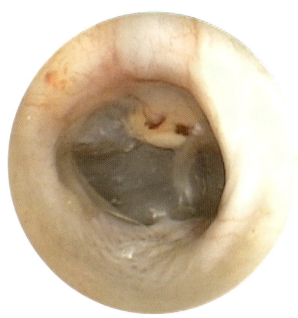

図8-121　症例7（132日後）
鼓膜弛緩部は腫大していた。

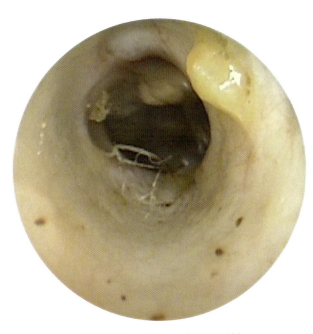

図8-120　症例7（132日後）
耳道には分泌物があり鼓膜は修復していた。
【Movie 8-9】

鼓膜周辺の直立の毛は伸びてカールし鼓膜は修復していた（図8-120）。鼓膜弛緩部の一部は硬く腫大していた（図8-121）。

(8) コメント

　水平眼振があったため末梢性前庭障害（中耳・内耳疾患）を疑った。通常であれば、ステロイド剤の全身投与が推奨されるが、まずビデオオトスコープ療法を実施した。耳垢塊を除去すると鼓膜は破損しており、鼓膜外側面凹部には直立の毛が多数観察された。犬同様猫でも直立の毛は、耳垢塊を形成することが示唆された。耳道と鼓室を清浄化した後、再び眼振があったが5分程でおさまった。抗菌剤の投与と安静を目的に4日間入院した。その後健康状態は良好に回復した。3回目の治療時には鼓膜は再生していた。

　左右の鼓膜は同様に障害されていた。眼振は右に素早く移動したので（右眼振）、左側の前庭障害がより重度であると考えられるが詳細は不明である。CT・MRI検査が必要と思われたが飼い主の同意が得られなかった。

泌物が存在した（図8-119）。ビデオオトスコープ療法を勧めたが受け入れられなかった。3回目（132日後）、耳道には黄色の分泌物があった。

6. 奇　形

1) 症例 8　犬　左耳

チワワ，雄，8 歳 1 か月，体重 1.8kg。

(1) 毛のタイプ

不明。

(2) これまでの治療と現状

近医にて治療していたが改善せず，当院を紹介され受診した。

(3) 初診時の細胞診

球菌（＋），マラセチア（＋＋）

(4) 細菌培養

陰性。

(5) 薬　剤

全身療法：セフポドキシムプロキセチル，イトラコナゾール。

局所療法：ビデオオトスコープ療法時のみ A 液の点耳。

食事療法：z/d ULTRA に変更。

(6) 中耳炎の診断

鼓膜形成不全。

(7) 治療・経過

初診時，耳道入口には乳白色の液体が満たされていた（図 8-122）。液体を吸引したところ腫瘤が出現した（図 8-123）。複数回洗浄して清浄化したところ鼓膜はなく，複雑な様相を呈していた（図 8-124）。2 回目（9 日後），茶褐色の分泌物が，

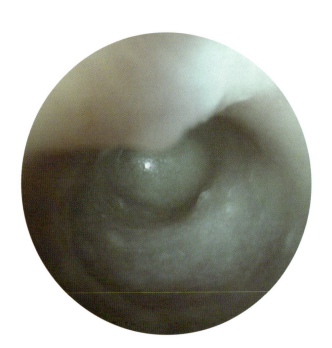

図 8-122　症例 8（初診日）
耳道内に充満した液体（治療直後のため薬液＋分泌物）。

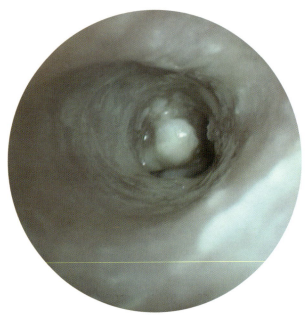

図 8-123　症例 8（初診日）
腫瘤が突出していた。

第8章　難治性耳炎の治療　189

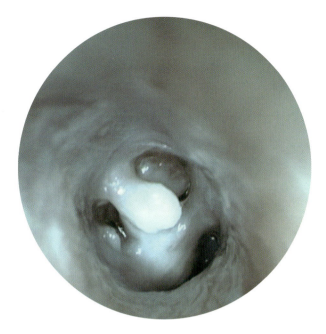

図 8-124　症例 8（初診日）
清浄化。

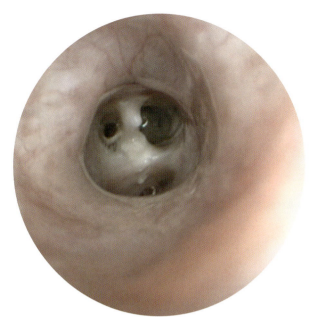

図 8-126　症例 8（9 日後）
突出していた腫瘤は退縮していた。

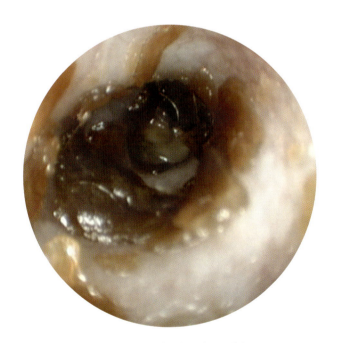

図 8-125　症例 8（9 日後）
耳道内に充満した茶褐色の分泌物。

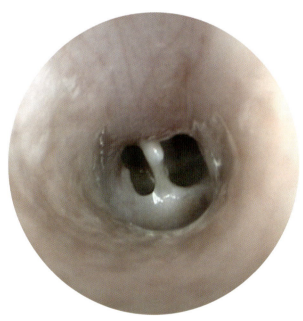

図 8-127　症例 8（9 日後）
清浄化すると鼓室が見えた。

耳道入口まで充満していた（図 8-125）。分泌物を除去して清浄化したところ，初診日に突出していた腫瘤は退縮していた（図 8-126）。さらに清浄化すると鼓室が露出した（図 8-127）。3 回目（17 日後），耳道入口の分泌物は激減し耳道内の分泌物も減少した（図 8-128）。洗浄すると鼓室から

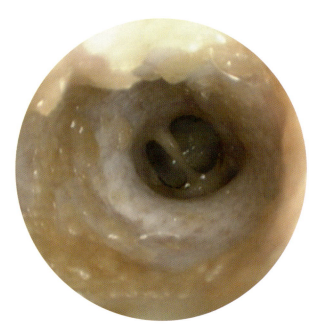

図8-128　症例8（17日後）
耳道内の分泌物はやや減少した。

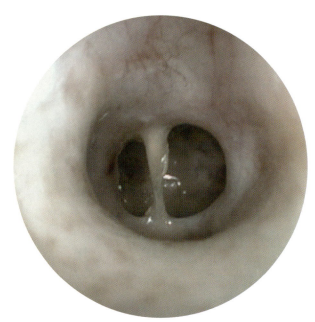

図8-129　症例8（17日後）
鼓室を清浄化。前面は鼓膜の一部。

多くの分泌物などが排出した。前面に鼓膜の一部が観察された（図8-129）。全耳道切除術を推奨したが応じられなかった。

(8) コメント

初診時，耳道内には乳白色の分泌物が充満し，突出した腫瘤があり奇形かどうかの判断は不可能だった。2回・3回目には，鼓膜の形体が不十分であり奇形と診断した。しかし，幼犬時に診察していないので，あくまで推論である。わずかな可能性として，長期間の治療（洗浄・マッサージ・点耳等）により，鼓膜が融解し変形した可能性も考えられる。

本症例は治療により一旦は鎮静化するが，鼓室が露出しているため鼓室の細菌感染がさらに進み難治性耳炎に移行する。全耳道切除術の適応である。

第9章
犬の全耳道切除術とU字形

1. はじめに

1) 全耳道切除術と合併症対策

(1) はじめに

外耳炎とは外耳道すなわち垂直耳道と水平耳道および鼓膜外側面（表皮）の炎症である。

中耳炎とは骨性の鼓室胞（鼓室，耳管の開口部，ツチ骨，キヌタ骨，アブミ骨とそれらに付随する筋と靭帯）と鼓膜内側面（粘膜）の炎症である。

内耳炎とは内耳の炎症である。内耳は側頭骨岩様部の骨迷路内にある。骨迷路は蝸牛，前庭，半規管からなる。おもに斜頸や眼振など前庭疾患を引き起こす。症状とMRI検査により診断する。

外耳炎は，外耳道と鼓膜（鼓膜外側面）の炎症を治療すると治癒する。その治療法は，ビデオオトスコープ療法（ビデオオトスコープを用いて鼓膜や耳道を清浄化する）と適切な薬剤を用いることで可能となる（第4章「外耳炎の治療」参照）。しかし，外耳炎の初期治療に失敗すると鼓膜は損傷して，やがて中耳炎に移行する。初期の中耳炎はビデオオトスコープ療法と適切な全身療法の実施により治癒する。鼓膜が再生したり，鼓膜切開などの鼓膜の治療により中耳炎を外耳炎にまで修復することができれば，外耳炎の治療を続行すれば解決する。しかし，中耳炎の治療に失敗するとやがて内耳炎へと移行する。難治性外耳炎とよばれている耳炎の多くは，中耳炎や内耳炎のことが多い。

つまり鼓膜の治療を適切に行っていれば，耳炎は悪化しないのである。しかし手持ち耳鏡では鼓膜を精査することはできないので，中耳炎の診断は極めて困難である。初期の中耳炎を診断することが容易ではないので，外耳炎は中耳炎へと移行し，やがて内耳炎になっていく。内耳炎になり，末梢性前庭障害（斜頸や眼振）に陥り，MRI検査によってはじめて中耳炎や内耳炎が診断される。

繰り返しになるが，耳炎の診断器具として汎用されている手持ち耳鏡では，鼓膜を精査することは困難で，鼓膜の異常を診断することは極めて難しく，初期の中耳炎は確認できがたい。そのため，治療の好機を逃してしまう。中耳炎の初期であれば，ビデオオトスコープ療法により鼓膜再生が期待できる（第5章「中耳炎の症例」参照）。しか

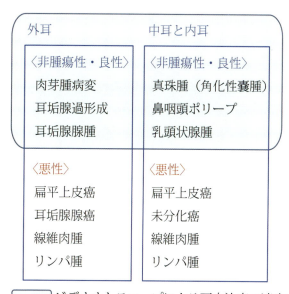

図9-1 耳道内の腫瘍

し中耳炎が長期間続くと鼓膜再生は難しく，耳炎を修復するためには全耳道切除術を選択せざるをえない。

(2) 術　式

全耳道切除術は成書にある方法に改良を加え以下のように実施している。

①耳珠の直ぐ下方を耳珠と平行に切開し，さらに直角にT字状に切開する（図9-2）。

②半導体レーザー（図9-3）で止血しながら結合組織をはがし耳道を露出させる（図9-4）。軟骨にそって組織を剥すと比較的出血しにくい。水平耳道の近位，鼓膜周辺を指で触ると鼓室の

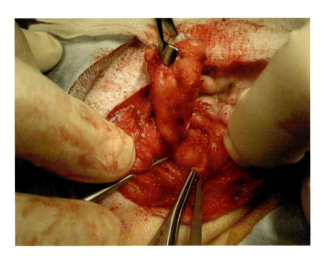

図9-4　耳道の外側面を露出。

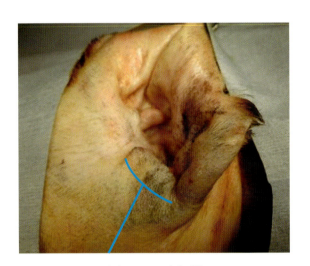

図9-2　T字切開

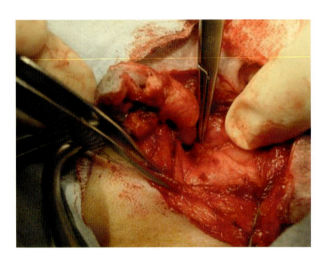

図9-5　顔面神経を確認。

入口が触知できる。

③顔面神経（図9-5）を保護しながら半導体レーザーまたは電気メス（図9-6）で止血し鋏で水平耳道を切除する。

④V字*部分を丁寧に除去する。

⑤鼓室内の粘膜組織を除去する。鼓室の組織を細菌培養検査に供する。

⑥ビデオオトスコープを用いて鼓室内が清浄化されているか確認する。

⑦万一，清浄化が不十分であれば超音波メスを用いて鼓室を清浄化する。この時，前庭障害が発生する可能性もあるので注意が必要である。

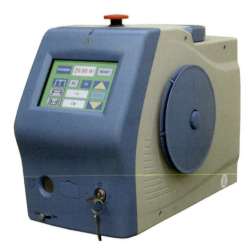

図9-3　半導体レーザー（DVL-20，飛鳥メディカル株式会社）

*筆者による呼称。「本書を読むにあたって」ix頁参照。

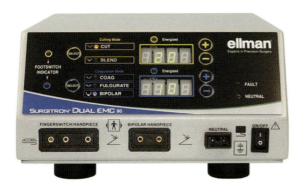

図9-6　電気メス（サージトロン Dual EMC，株式会社 ellman-Japan）

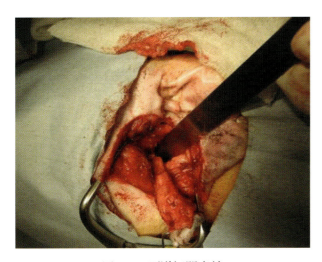

図9-7　耳道切開直前
ステンレスでレーザーをガード。

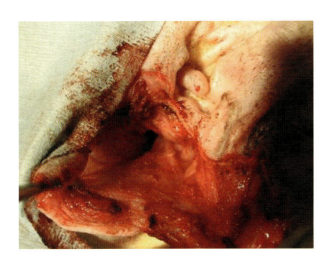

図9-8　耳道切除後，鼓室入口

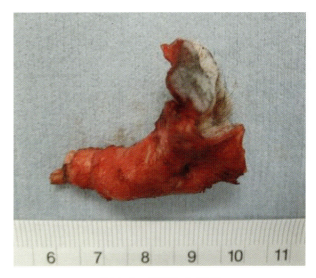

図9-9　摘出した耳道

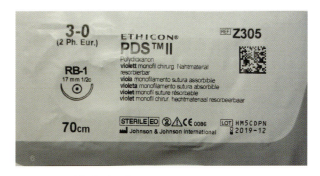

図9-10　縫合糸（PDS Ⅱ 3-0，Johnson & Johnson International）

⑧さらにビデオオトスコープで鼓室内の清浄化を確認する。鼓室に注射用蒸留水または生理的食塩水を満たし鼓室の容積を測定する。
⑨ドレインを装着して閉創する。縫合糸はPDS Ⅱ 3-0（図9-10）を用いている。
⑩ドレインからの分泌液は4〜5日でなくなり抜去できる。1週間以上，分泌が続く場合は，合併症を疑う必要がある。

注意：顔面神経を切らないように注意する。また，半導体レーザーにより顔面神経がダメージを受けないようガードする。筆者は，ステンレス板を自作して使用している。

(3) 合併症対策

手術において最も危惧されることは合併症であ

る。すなわち手術後の細菌感染である。これを防止するために，手術前までに可能なかぎり耳道を清浄化する。ビデオオトスコープ療法にて耳道や鼓室など（症例により様々な病態に合わせて），可能な限り清浄化する。とくに手術直前の耳道等の清浄化は重要である。本章2.1）では耳道と腫瘍の奥を清浄化している。また本章2.2）では，耳道および鼓室を清浄化している。この症例では，鼓室を清浄化し，さらに耳管を洗浄している。

　手術部位を清潔にすることで，術野を汚染することなく手術工程が手際よく運ぶ。Ｖ字部分にはたくさんの微生物が重積しているので，この部分を丁寧に除去することが重要である。さらに鼓室の清浄化を確認するためにビデオオトスコープで観察し，鼓室内の清浄化を徹底する。

> **キーポイント**
> ①手術前に耳道や鼓室を十分清浄化し，最適日に手術を実施する。
> ②手術直前に耳道や鼓室を十分清浄化する。必要に応じて鼓膜切開や耳管洗浄を行う。
> ③Ｖ字部分に重積した微生物を徹底的に除去する。
> ④鼓室をビデオオトスコープで観察する。
> ⑤半導体レーザーの乱反射を防ぐ（患犬・患猫の目や顔面神経を保護する）。
> ⑥痛みの緩和療法を実施する。

2）Ｕ字形*

　従来の耳道切除術において合併症が多いこと，および，長期間の耳炎治療による心労から，全耳道切除術を望まない飼い主も多い。ビデオオトスコープ療法で耳道内がＵ字形になって修復する方法を考案した。ただし，成功するためには適応条件がある。

> ①耳道内の腫瘤が肉芽組織であり，悪性腫瘍ではない。
> ②鼓室や耳道の細菌培養検査が陰性，または耐性菌ではない。
> ③鼓室と耳道を徹底的に清浄化できる。
> ④食事がコントロールできる。
> ⑤患犬が老犬ではない。
> ⑥入院加療し集中治療する。
> ⑦Ｕ字形に閉鎖するまで散歩や激しい運動を中止する。
> ⑧その他。ビデオオトスコープ療法に精通している。

3）その他の外科手術

　外側耳道切除，垂直耳道切除，外側鼓室胞骨切り術，腹側鼓室胞骨切り術はビデオオトスコープ療法で代用できるため，ほとんど必要はない。

---

*筆者による呼称。「本書を読むにあたって」x頁参照。

2．全耳道切除術の症例

　中耳炎（右耳：耳道内腫瘤）と内耳炎（左耳）の全耳道切除術。

1）症例1　犬　右耳

　パグ，去勢雄，9歳1か月，体重10.85kg。

(1) 毛のタイプ

　不明。

(2) これまでの治療と現状

　約6歳頃から近医にて点耳薬と内服薬による治療を受けていた。2か月前に転院し治療を受けた

後，当院を紹介された。

(3) 初診時の細胞診

球菌（＋＋＋），桿菌（＋＋＋）

(4) 細菌培養

表9-1 を参照。

(5) アレルギー検査

牛肉，大豆，ジャガイモ，米に陽性を示した。
環境因子（花粉等の空気中の飛散物）はほぼ陰性。

(6) 薬 剤

図 9-14 を参照。
食事療法：ドライフード（ロイヤルカナン）を食

図 9-11　右耳手術 11 日後，左耳手術 6 日後の症例

表 9-1　症例 1・2 の細菌培養検査所見

薬剤＼菌名	初診日			6日		12日	
	R		L	L		L	
	E. coli	Ent. faecalis	Ent. faecalis	Stap. intermedius	Ent. faecalis	Ent. faecalis	Stap. intermedius
AMPC	S	S	S	R	S		
PIPC	S	S	S	R	S	S	R
CEX	S	R	R	S	R	R	S
CTM	S	R	R	S	R		
CPZ	S	R	R	S	R		
CPDX	S	R	R	S	R	R	S
AMK	S	R	R	S	R	R	S
TOB	S	R	R	S	R	R	S
MINO	S	I	I	S	R	S	S
ERFX	S	S	S	S	S	S	S
LFLX	S	S	S	S	S		
CPFX	S	S	S	S	S		
CLDM	R	R	R	S	R		
FOM	S	R	R	S	R	R	S
ST	S	R	R	S	R	R	S

PIPC, ERFX が有効。
E. coli：*Escherichia coli*, *Ent. faecalis*：*Enterococcus faecalis*, *Stap. intermedius*：*Staphylococcus intermedius*（*Staphylococcus pseudintermedius*）
S：有効，R：無効，I：中間

べていた。z/d ULTRA に変更。

(7) 中耳炎の診断

耳道内腫瘤。

(8) 腫瘤の病理検査結果

腫瘤は骨組織と線維芽細胞様の間葉組織によって構成され，大部分は骨組織である。表皮は消失。古い炎症によって形成された骨組織。

(9) 高度画像診断 (CT・MRI 検査，図 9-12, 9-13)

左右鼓室胞内（左＞右）・左右鼓膜領域・左水平耳道領域に炎症・炎症産物貯留等が疑われる。左鼓室胞は一部骨融解像が認められる。左鼓室胞周囲の軟部組織領域・左内耳領域・右鼓膜領域は炎症の波及が疑われる。赤矢頭は耳道内腫瘤（骨組織）の可能性が高い。

(10) 治療・経過（図 9-14）

初診時，耳道入口には黄褐色の分泌物が固着し悪臭を放ち（図 9-15），耳道には黄色の分泌物が充満していた（図 9-16）。清浄化したところ鼓膜はなく鼓膜周辺に腫瘤があった（図 9-17）。耳介を牽引する手を緩めると耳道は閉鎖し腫瘤は見えなくなった。2 回目（2 日後），耳道入口の分泌

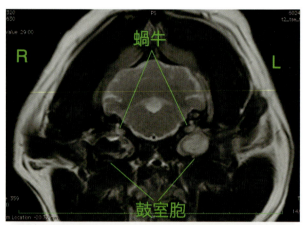

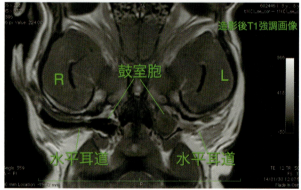

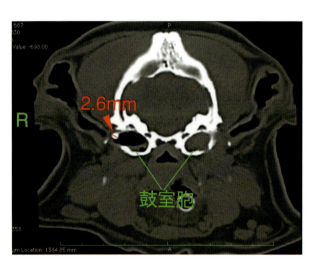

図 9-12　CT 像　　　　　　　　　　　図 9-13　MRI 像

日付	0	1	2	3	4	5	6	7	8	9	10	11	12	13	14	15	16	17	18	19	20	21	22	23
VO 治療	○		○		○		○	☆					☆											
細菌培養	○						○						○											
全身療法	←→			←→								←→												→
CT・MRI 検査						○																		

図 9-14　症例 1 および 2 の治療経過

☆：VO 療法と手術
←→：アミカシン点滴 IV，←→：バンコマイシン点滴 IV，←--→：ピペラシリンナトリウム点滴 IV，←--→：エンロフロキサシン SC

第9章 犬の全耳道切除術とU字形　197

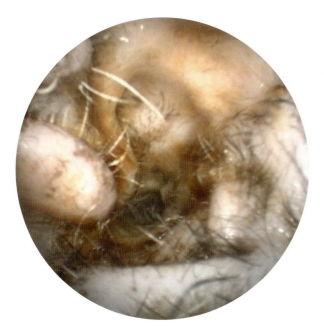

図9-15　症例1（初診日）
耳道入口の黄褐色の分泌物。
【Movie 9-1】

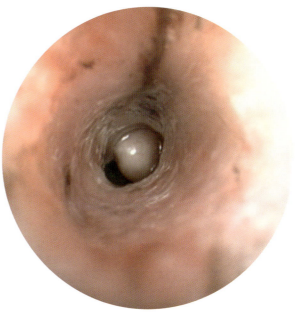

図9-17　症例1（初診日）
洗浄後，鼓膜周辺には腫瘤が存在。

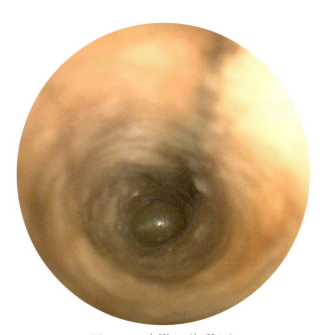

図9-16　症例1（初診日）
耳道の黄色の分泌物。

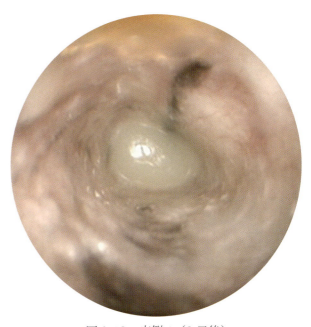

図9-18　症例1（2日後）
膿性の分泌物が湧き出てくる。

物はやや減少したが耳道内の膿性の分泌物は乳白色に変化した（図9-18）。耳道と腫瘤の間隙から3Frのカテーテルを挿入し，腫瘤の奥を洗浄したところ多数の毛と剥がれた組織が舞いあがり摘出した（図9-19）。3回目（4日後），耳道入口の分泌物は少しずつ減少し耳道内の膿性の分泌物の色調は変化しやや透明になった（図9-20）。洗浄により奥から多数の毛が排出した。耳介を牽

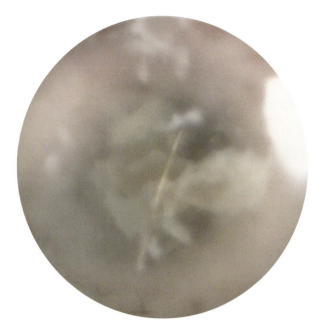

図9-19　症例1（2日後）
腫瘤の奥から多数の毛や組織が排出。

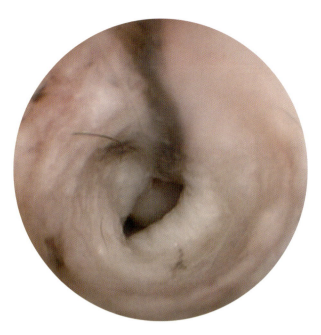

図9-21　症例1（4日後）
耳介の牽引を緩めると，耳道は閉鎖し腫瘤は隠れた。
【Movie 9-2】

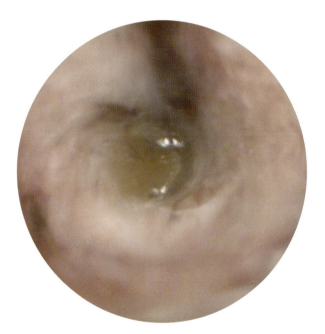

図9-20　症例1（4日後）
膿性の分泌物の色調が変化。

図9-22　症例1（6日後）
耳道入口の分泌物は激減。

引緩めると，相変わらず腫瘤は奥に隠れた（図9-21）。徹底洗浄にもかかわらず排膿が多く5日後にCT・MRI検査を実施した。4回目（6日後），耳道入口の分泌物は激減した（図9-22）。腫瘤の奥からの分泌物も減少した。5回目（7日後：右耳手術日），全耳道切除術直前に耳道内と腫瘤の奥を清浄化した。毛も排出した（図9-23）。手術は定法通り実施した。切除と止血は半導体レー

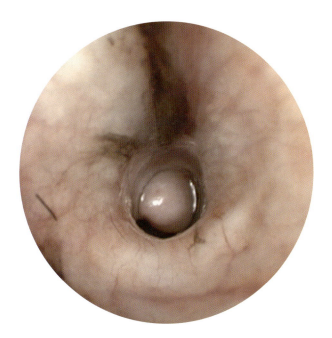

図9-23　症例1（7日後）
全耳道切除術直前に耳道内と腫瘤の奥を清浄化。

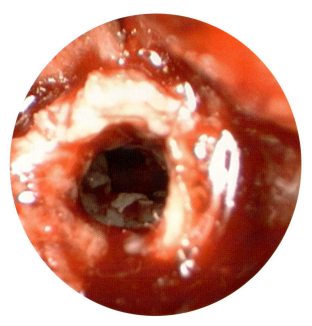

図9-25　症例1（7日後，手術）
鼓室には白色の組織があった。

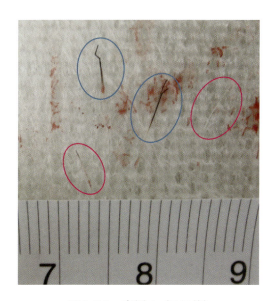

図9-24　症例1（7日後）
手術時に鼓室から排出した毛（黒色2本○，白色2本○）。

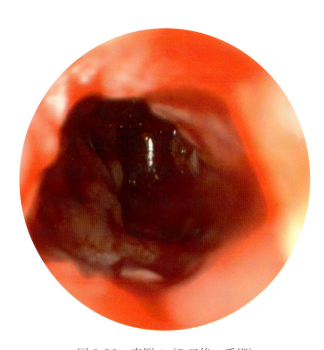

図9-26　症例1（7日後，手術）
V字部分を掻爬し鼓室を清浄化。

ザーを使った。全耳道を切除した後，鼓室内を洗浄した。黒色と白色の毛が排出した（図9-24）。鼓室内には白色の柔らかい組織があった（図9-25）。それらを除去しV字部分を掻爬して丁寧に剥がし，鼓室を清浄化した（図9-26）。血様物は吸引した。鼓室の体積は0.4mLであった。1回のみバンコマイシン注射を1/5に薄めて滴下し回収した。念のためドレインを装着した。

図 9-27　症例 1 の腫瘤

(11) コメント

　毎回徹底的に清浄化しているにもかかわらず，分泌物の減少は緩慢で炎症の激烈さが推察された。清浄化により耳道が開き，腫瘤の奥からは，毛や組織が多数排出し微生物の温床となっていた。それらを除去しさらに徹底して洗浄し清浄化した。耳道入口および耳道の分泌物が激減した時期を見計らって全耳道切除術を実施した。実施に先立ち（手術直前），ビデオオトスコープを用いて耳道および鼓室をできる限り清浄化した。手術中，鼓室からは毛が 4 本排出した。この毛も炎症を継続させていた。左耳の全耳道切除術を予定していること，およびバンコマイシンの点滴 IV と安静を保つためにその後 16 日間（左耳の手術後 11 日間）入院加療した。

> ①微生物（細菌）と徹底抗戦（短期間に確実に）。
> ②手術をする最適な時期を見極め実行する。
> ③手術直前にビデオオトスコープ療法により鼓室を清浄化し術野の汚染を防ぐ。
> ④手術中にビデオオトスコープを使い鼓室の清浄化を確認する。
> ⑤ V 字部分を掻爬。この部分に細菌は潜んでいる。
> ⑥半導体レーザーは乱反射するので，顔面神経など大切な部分はガードする。また患犬の眼を黒布で覆いレーザーの悪影響を防ぐ。
> ⑦バンコマイシンの鼓室内滴下の安全性は確立していないが，やむなく用いた（組織に滴下すると白色変化や出血傾向がある）。
> ⑧安静の確保と抗菌剤の点滴 IV のために入院。

　本症例のように炎症が長期に及んだ場合，細菌は強く治療に抵抗する。これに打ち勝つ戦略は，①最も効果的な方法で，②確実に，③最短に，実施する必要がある。臨戦態勢で臨む必要がある。

2）症例 2　症例 1 の左耳

(1) 初診時の細胞診

　球菌（＋＋＋）

(2) 細菌培養

　表 9-1 を参照。

(3) 診　断

　内耳炎。

(4) 高度画像診断

　CT 検査（図 9-12），MRI 検査（図 9-13）。

(5) 治療・経過（図 9-14）

　初診時，耳道入口には茶褐色の粘稠性のある分泌物が固着し悪臭を放っていた（図 9-28）。耳道内にはやや透明感のある分泌物が充満していた（図 9-29）。清浄化したところ鼓膜はなく鼓膜周辺の耳道はヒダ状であった（図 9-30）。右耳同様，耳介を牽引する手を緩めると耳道は閉鎖した。2 回目（2 日後），耳道入口の分泌物はやや減少した（図 9-31）。しかし耳道の奥からは多量の膿性の分泌物が排出し貯留していた（図 9-32）。丁寧に吸引して耳道および鼓室を清浄化した（図 9-33）。3 回目（4 日後），耳道入口の分泌物は回を重ねるごとに減少した。洗浄を続けると，耳道の奥から膿性の塊（分泌物と組織が合体したもの）が排出した（図 9-34）。耳介の牽引を緩めると耳道の奥は閉じた（図 9-35）。4 回目（6 日後），

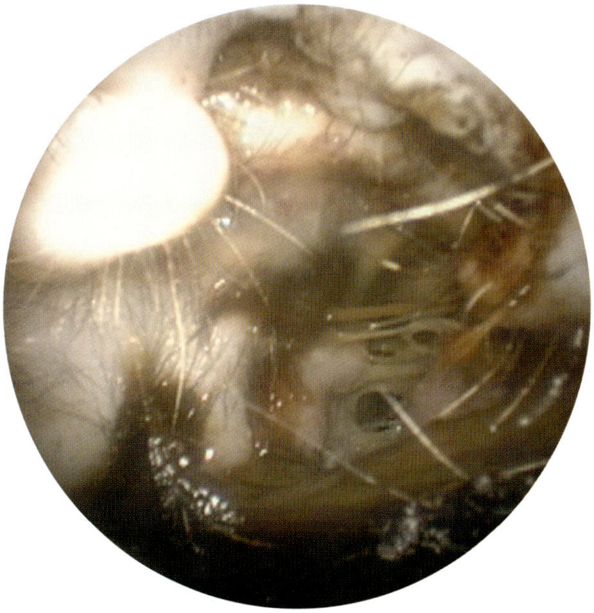

第 9 章　犬の全耳道切除術と U 字形　201

図 9-28　症例 2（初診日）
耳道入口の茶褐色・粘稠性のある分泌物。
【Movie 9-3】

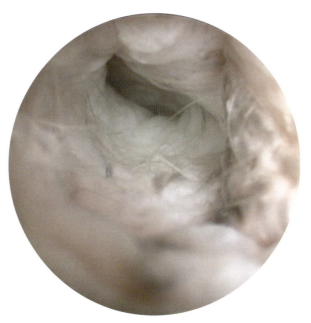

図 9-30　症例 2（初診日）
鼓膜周辺の耳道はヒダ状。

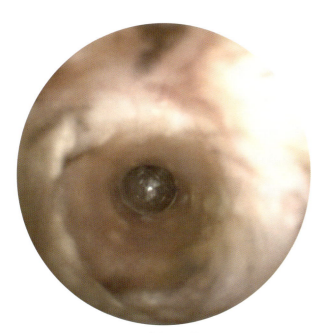

図 9-29　症例 2（初診日）
やや透明感のある分泌物。

図 9-31　症例 2（2 日後）
耳道入口の分泌物はやや減少。

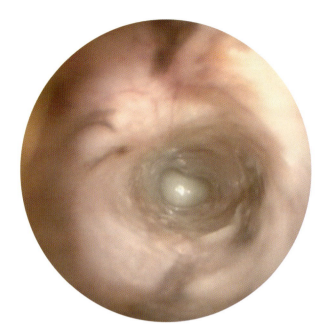

図9-32 症例2(2日後)
耳道の奥には膿性の分泌物が貯留。

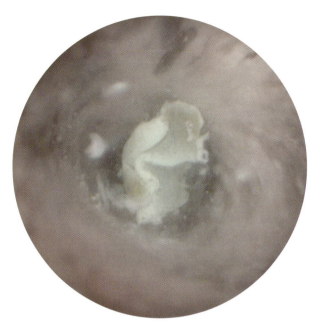

図9-34 症例2(4日後)
膿性の塊が排出。

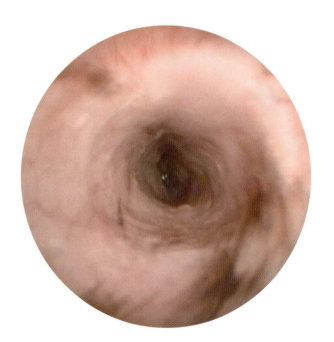

図9-33 症例2(2日後)
清浄化した耳道。

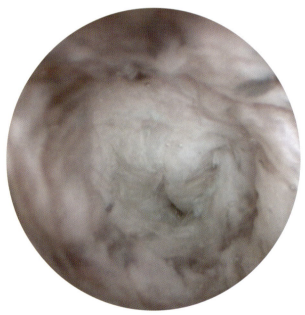

図9-35 症例2(4日後)
耳道の奥は閉鎖。
【Movie 9-4】

耳道入口や入口に近い部位の分泌物はやや減少したが,耳道の奥には膿性分泌物があり毛も多数排出した(図9-36)。5回目(7日後:右耳手術日),耳道入口の分泌物は減少した。頻回の清浄にもかかわらず耳道の奥には相変わらず膿汁が貯留していた(図9-37)。6回目(12日後:左耳

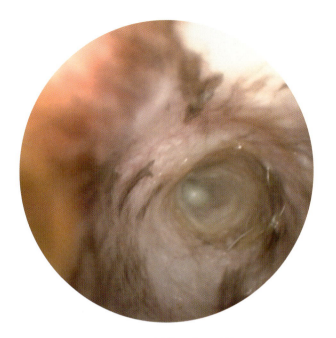

図9-36 症例2（6日後）
毛も排出。

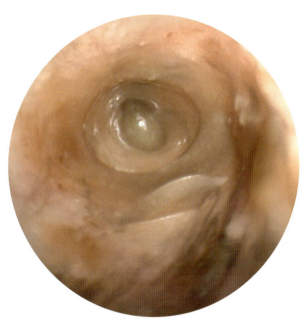

図9-38 症例2（12日後）
前回から6日後の耳道。膿性の分泌物は増加し茶褐色に変化。【Movie 9-5】

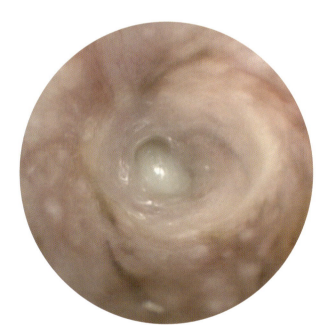

図9-37 症例2（7日後）
相変わらず膿汁が貯留。

図9-39 症例2（12日後）
洗浄により膿性の上皮や分泌物が排出。

手術日），全耳道切除術直前に耳道内を清浄化した。前回の治療から6日経過した。膿性の分泌物は増加し茶褐色に変化していた（図9-38）。洗浄すると多数の剥がれた上皮と膿性の分泌物が排出した（図9-39）。清浄化後にカテーテルの先端をカットして鼓膜切開の要領で耳道の奥にカテー

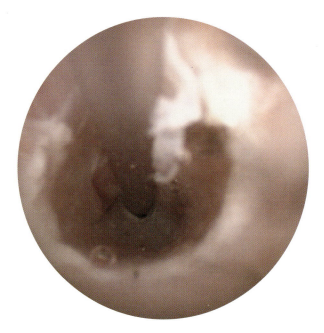

図 9-40　症例 2（12 日後）
カテーテルをカットして挿入。

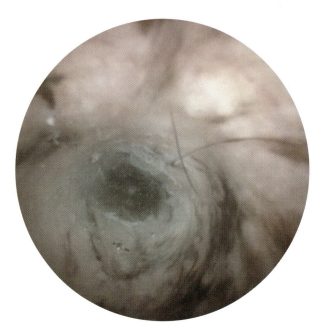

図 9-42　症例 2（12 日後）
毛が排出。

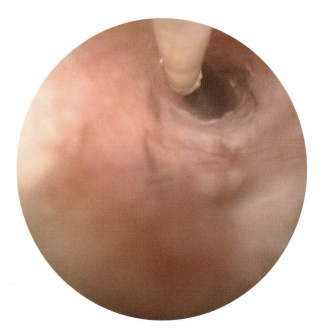

図 9-41　症例 2（12 日後）
膿性の分泌物が排出。

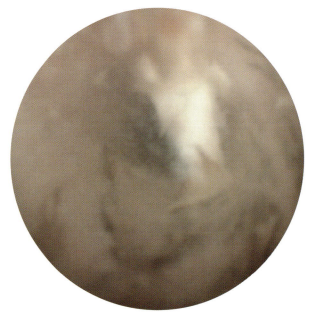

図 9-43　症例 2（12 日後）
腐敗した組織が排出。

テルを挿入した（図 9-40）。膿汁を吸引し洗浄した（図 9-41）。新たに多数の毛や腐敗した組織が排出した（図 9-42，9-43）。さらにカテーテルを耳管に挿入して排膿した（図 9-44）。清浄化が徹底した後，定法通り全耳道切除術を実施した（図 9-45）。鼓室からは多量の汚染した組織を摘出した（図 9-46）。

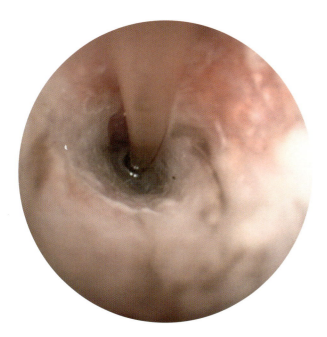

図9-44　症例2（12日後）
耳管を洗浄。

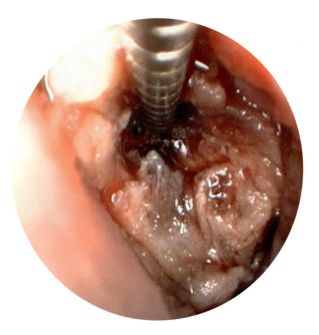

図9-46　症例2（12日後）
全耳道切除術，鼓室から汚染した組織を摘出。

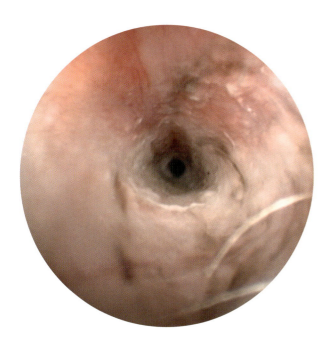

図9-45　症例2（12日後）
清浄化後。

(6) コメント

　ビデオオトスコープ療法を頻回に行っても耳道の奥からの排膿は止まらなかった。そこで画像診断を実施した。その結果，右耳は中耳炎，左耳が内耳炎であることが判明した。左耳は内耳炎のため全耳道切除術の適応である。右耳の中耳炎に関しては，パグは短頭種のため，①耳道を温存させる場合は，将来にわたって頻回のビデオオトスコープ療法が必要となる。②9歳という年齢を考慮し治療に費やす余分な時間を省略する。これらの理由から右耳も全耳道切除術を実施することとした。手術に際し，最も飼い主が心配したことは，「両耳の手術に伴い耳が聞こえなくなる」という不安であった。しかし，手術後飼い主によれば，日常生活ではよく聞こえており，人との生活に何の不自由も感じていない，とのことである。なお，聴覚検査は行ってはいない。全耳道切除術は手術後の合併症が多い。手術前に耳道と鼓室を清浄化することで，手術中，術野の汚染を少なくすることができる。また硬性鏡を用いて手術中に鼓室をくまなく観察することができ，見落としが少ない，という利点がある。

3．U 字形の症例

1）症例 3　犬　右耳

アメリカン・コッカー・スパニエル，避妊雌，4 歳 7 か月，体重 10.5kg。

(1) 毛のタイプ

直立タイプ。

(2) これまでの治療と現状

幼犬時より耳炎を患っていた。3 歳 9 か月の時 A 動物病院で治療を受けていた。その治療法は，局所はオトマックス点耳，全身はラリキシンとステロイド剤を内服していたが改善しなかった（図 9-47）。次に B 動物病院にてビデオオトスコープによる治療を 6 回，通常洗浄を 7 回実施したが改善せず当院に紹介された（図 9-48）。

(3) 初診時の細胞診

球菌（＋），マラセチア（＋）

(4) 細菌培養（初診時・21 日後）

陰性。

(5) アレルギー検査

牛乳，大豆，ナマズに陽性を示した。

(6) 薬　剤

図 9-49 を参照。

食事療法：ドライフード（ビルジャック），牛の生肉，馬肉，ササミ，小麦粉，牛乳，チーズ，ウインナーなど様々な食品を食べていた。z/d ULTRA に変更。

(7) 中耳炎の診断

耳道内腫瘤。

(8) 腫瘤の病理検査結果

肉芽組織。

日付	−663	−616	−437	−369	−311	−304	−296	−231	−224	−201	−173	−165	−159	−152	−135
治療	△	△	△	△	△	△	△	△	△	△	△	△	△	△	△

△：洗浄

図 9-47　A 動物病院による症例 3 の治療経過

日付	−120 …	−114 …	−107 …	−92 …	−83 …	−71 …	−64 …	−53 …	−41 …	−37 …	−30 …	−23 …	−16 …	−9 …
治療		△	△	☆	△	■	△	★	☆	△	☆	△	☆	△
								▲	▲		▲		▲	

△：洗浄，☆：ビデオオトスコープを用いた治療，■：生検鉗子＋ビデオオトスコープを用いた治療，
★：スネア＋ビデオオトスコープを用いた治療＋レーザー，▲：腫瘤再発

図 9-48　B 動物病院による症例 3 の治療経過

日付	0	1	2	3	4	5	6	7	8	9	10	11	12	13	14	15	16	17	18	19	20	21	22	23
VO治療	◎	◎			○								○									○		
細菌培養	○																					○		
全身療法	←——————————→ ←————————×——————→ ←—————————×——→

日付	24	25	26	27	…	37	38	39	40	41	42	43	44	45	46	47	…	66	67	68	69	70	71	72
VO治療					…				○								…			○				
細菌培養					…												…							
全身療法	←·········→ ←——×——→ ←——×——→

図9-49　症例3の治療経過
◎：VO治療＋半導体レーザー
⟷：アミカシン点滴IV，⟵⟶：セフポドキシムプロキセチルPO

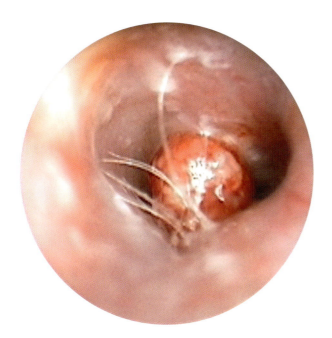

図9-50　症例3（初診日）
鼓膜周辺の腫瘤と直立タイプの毛。
【Movie 9-6】

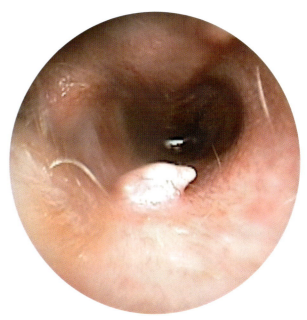

図9-51　症例3（初診日）
垂直耳道の腫瘤。

(9) 高度画像診断

　飼い主の意向により実施せず。

(10) 治療・経過（図9-49）

　初診時，耳道入口には黄褐色の分泌物があり，洗浄すると鼓膜周辺には腫瘤があった。腫瘤の前（鼓膜外側面凹部*）には直立した毛があった（図9-50）。垂直耳道の入口にも腫瘤があった（図9-51）。把持鉗子を用いて鼓膜周辺の腫瘤を牽引して摘出し，半導体レーザーを用いて蒸散し止血した。鼓膜はなかった（図9-52）。その後鼓膜外

*筆者による呼称。「本書を読むにあたって」vii頁参照。

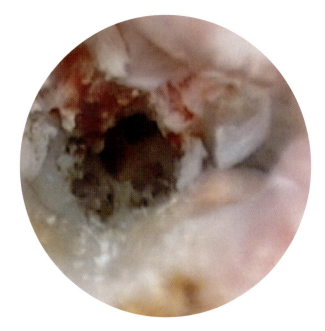

図9-52 症例3（初診日）
半導体レーザーで止血。

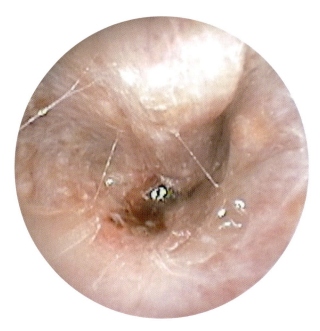

図9-54 症例3（1日後）
腫瘍の切除部位から滲出液が出ていた。

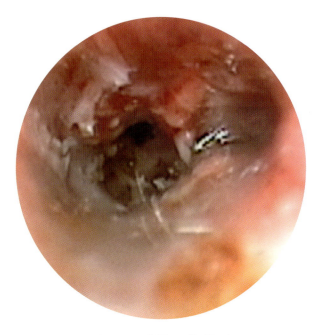

図9-53 症例3（初診日）
清浄化した鼓室。

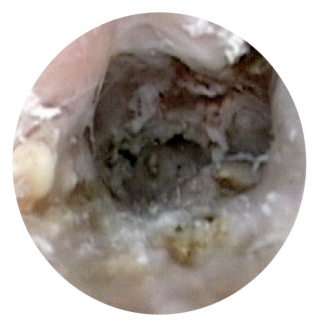

図9-55 症例3（1日後）
鼓室を清浄化。

側面凹部の毛を除去し鼓室と耳道を清浄化した（図9-53）。2回目（1日後），腫瘍摘出部位には浸出液があった（図9-54）。鼓室と耳道を洗浄した後（図9-55），垂直耳道の入口の腫瘍を半導体レーザーを用いて蒸散した（図9-56）。3回目（4日後），耳道入口は粘性の分泌物で覆われていた

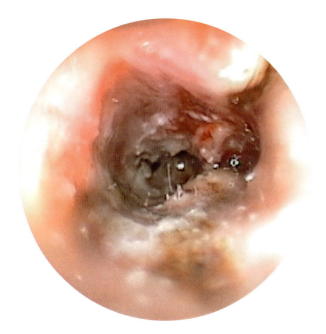

図 9-56　症例 3（1 日後）
垂直耳道の腫瘤をレーザーで蒸散した。

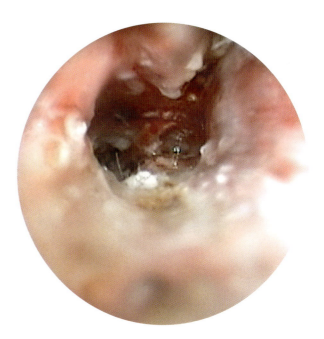

図 9-58　症例 3（4 日後）
鼓室を清浄化。

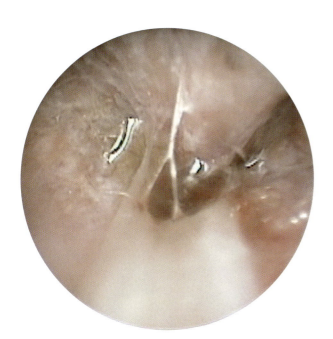

図 9-57　症例 3（4 日後）
粘性の分泌物が排出。

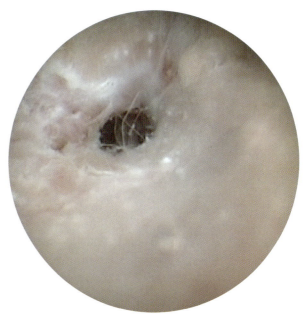

図 9-59　症例 3（12 日後）
分泌物は減少していた（洗浄中）。

（図 9-57）。鼓室と耳道および垂直耳道（レーザー蒸散後）を十分に清浄化した（図 9-58）。4 回目（12 日後），分泌物は減少していた（図 9-59，9-60）。5 回目（21 日後），耳道は U 字形に閉鎖しつつあり分泌物が付着していた（図 9-61）。分泌物を除去すると，腫瘤摘出後の開口部は 3Fr

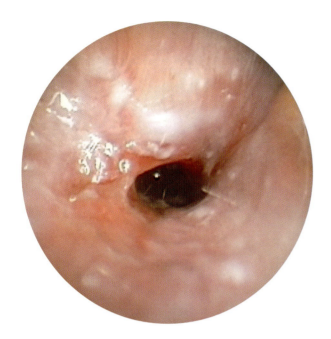

図 9-60　症例 3（12 日後）
清浄化後。

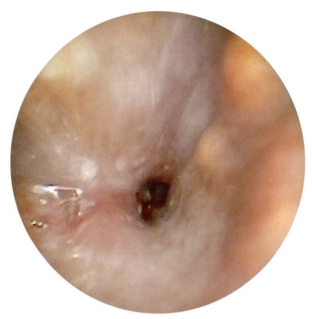

図 9-62　症例 3（21 日後）
3Fr の栄養カテーテルで洗浄した。

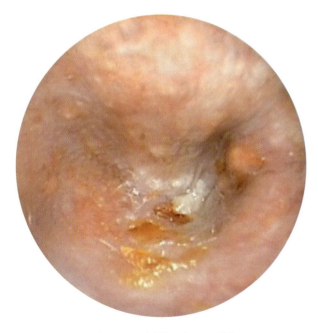

図 9-61　症例 3（21 日後）
耳道は U 字形に閉鎖しつつあった。

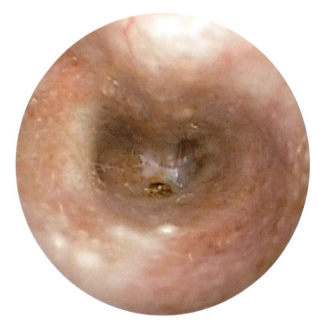

図 9-63　症例 3（40 日後）
U 字形に閉鎖（分泌物あり）。

の栄養カテーテルがやっと入るほど小さくなっていた。カテーテルを挿入して清浄化した（図9-62）。6 回目（40 日後），耳道は U 字形に閉鎖しており，黄褐色の乾いた分泌物が付着していた

（図 9-63）。清浄化した（図 9-64）。7 回目（68日後）U 字形に閉鎖した耳道には，黄色い乾いた分泌物がわずかに付着しており清浄化した（図9-65）。30 回目（964 日後），31 回目（992 日後），

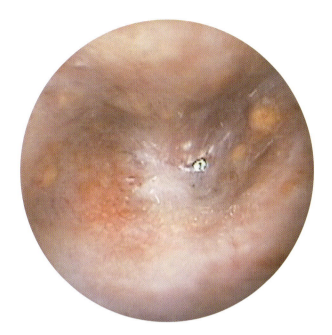

図9-64 症例3（40日後）
清浄化後。

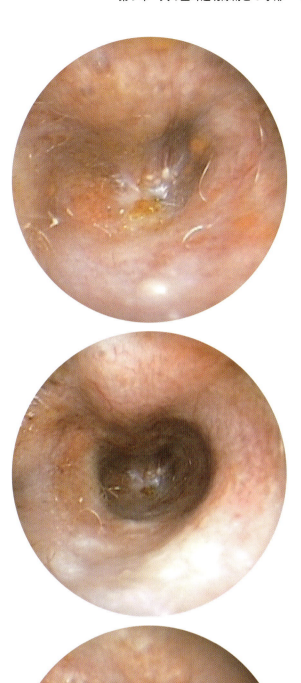

も良好な状態が続いている（図9-66，9-67）。鼓室の状態を把握するために再々MRI検査を勧めているが，飼い主の同意が得られていない。経過観察が必要である。現在1560日を経過しているが良い状態が持続している。

(11) コメント

図9-47，9-48に示すように患犬は長期間耳炎を患っていた。

初診時，細胞診で球菌とマラセチアが検出されたが直ちに腫瘤の摘出をした。すぐに腫瘤を摘出した理由は，①B動物病院にてすでにビデオオトスコープを用いて6回洗浄している，②腫瘤が4回再発している，③ビデオオトスコープ洗浄後16日経過しているが，耳道入口の分泌物は少量だった，④B動物病院でステロイド剤を使用していない，などから判断して，耳炎治療の経過は長いが，耳道内の細菌はそれほど強くなく，耐性菌の可能性が低いと判断したためである。また，飼い主が早期の解決を望んでいたためでもある。

把持鉗子と半導体レーザーによる腫瘤の摘出後には，鼓室と耳道を徹底的に清浄化した。鼓室に

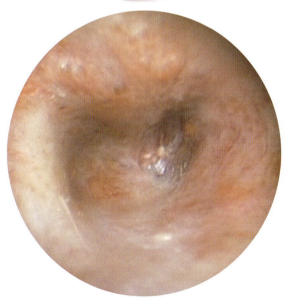

図9-65 症例3（68日後）
図9-64の後にもう一度洗浄を行った。U字形に閉鎖。

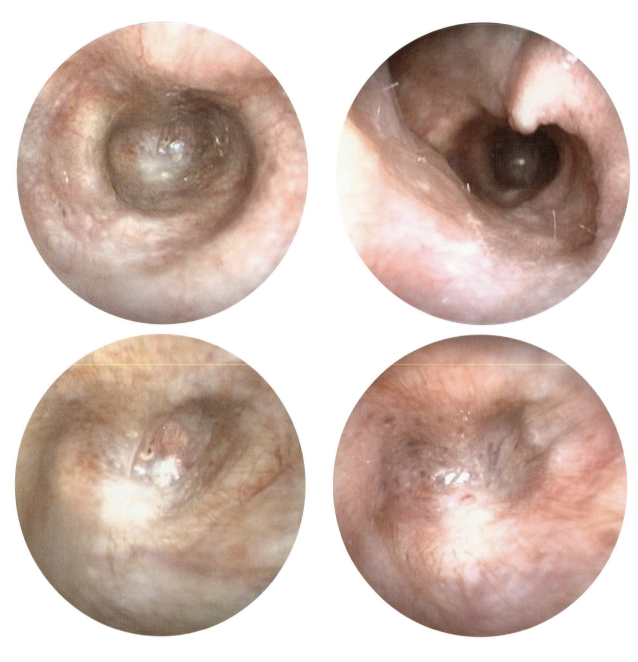

図 9-66 症例 3（964 日後）
U 字形に閉鎖。
【Movie 9-7】

図 9-67 症例 3（992 日後）
U 字形に閉鎖。

は洗浄後に A 液*を滴下し回収した。その結果，5 回目（21 日後）には耳道と鼓室が癒着するような状態になった。さらに耳道にカテーテルを挿入して吸引・洗浄・回収した結果，6 回目（40日後）には，耳道は U 字形になって閉鎖した。

U 字形が成功した秘訣は本章 1.「2）U 字形」（194 頁）に記載した 8 つの適応条件が十分にそろったことによる。

鼓室の清浄化が上手くいかない場合は全耳道切除術を選択すべきである。万一，腫瘤が悪性の場合には，早急に全耳道切除術に踏み切るべきであり，全身性疾患（転移等）に対処する必要がある。

＊A 液：アミカシン硫酸塩注射液…アミカマイシン注射液 100mg（明治製菓株式会社）1ml を人工涙液マイティア点眼液（千寿製薬株式会社）5ml に混和。

参考・引用文献

1) Usui,R., Okada,Y., Fukui,E. & Hasegawa,A.(2015)：A canine case of otitis media examined and cured using a video otoscope, *J. Vet. Med. Sci.* 77: 237-239.

2) Usui,R,, Fukuda,M., Fukui,E. & Hasegawa,A.(2011)：Treatment of canine otitis externa using video otoscopy, *J. Vet. Med. Sci.* 73: 1249-1252.

3) 臼井玲子, 臼井良一, 福田美奈子（2009）：Video Otoscopeを用いた治療が有効であったアメリカン・コッカー・スパニエルの耳道閉塞の1例, 獣医臨床皮膚科 15, 207-210.

4) 臼井玲子（2015）：ビデオオトスコープを用いた犬の外耳炎治療, インフォベッツ Vol.18 No.3: 100-103.〔文献2）の日本語版に相当〕

5) 臼井玲子（2010）：外耳道異常, 徴候からみる鑑別診断（長谷川篤彦 監修）, 外耳道異常, 学窓社.

6) 臼井玲子, 武部正美 監訳（2013）：犬と猫の耳科学（サンダース ベテリナリークリニクスシリーズ Vol.8-2），インターズー.

7) 臼井玲子（2013-2015）：連載 耳を見直す！オトスコープでみる犬・猫の耳, インフォベッツ.〔掲載 2013年 Vol.16 No.4 ～ 2015年 Vol.18 No.2〕
   本書記載の以下の症例はこの連載と同症例のものを加筆し，Movie を加えました。
   ・第4章「6. トイ・プードル」の症例2：2013年 Vol.16 No.6, 42-50.
   ・第4章「14. アメリカン・ショートヘアー」の症例1：2014年 Vol.17 No.1, 58-64.

8) 臼井玲子（2010-2011）：連載 耳治療革命, SAD (Small Animal Dermatology).〔掲載 2010年 Vol.1 No.1 ～ 2011年 Vol.2 No.5〕
   本書記載の以下の症例はこの連載と同症例のものを加筆し，Movie を加えました。
   ・第4章「3. フレンチ・ブルドッグ」の症例2：2011年 Vol.2 No.5, 56-65.
   ・第5章「中耳炎の症例」の症例1：2011年 Vol.2 No.2, 74-78.

9) 若尾義人, 田中茂男, 多川政弘 監訳アドバイス（2008）：スモールアニマル・サージェリー 第3版上巻, インターズー.

索 引

外国語索引（アルファベット順）

A
Aspergillus　25

B
Bacillus cereus　59, 81

C
Candida　25
Corynebacterium　25

E
Enterococcus faecalis　185, 195
Escherichia coli　25, 175, 185, 195

K
Klebsiella　25

M
Malassezia　25
Malassezia pachydermatis　81, 89, 94
Microsporum　25
MRSA　75, 123, 129

P
Pasteurella multocida　107
Proteus　25
Proteus mirabilis　54
Pseudomonas　25, 59, 99
Pseudomonas aeruginosa　147, 162

S
Sporothrix schenkii　25
Staphylococcus aureus　75, 123
Staphylococcus intermedius　46, 52, 58, 62, 68, 85, 96, 99, 102, 109, 117, 120, 124, 131, 134, 137, 141, 153, 169, 170, 195
Staphylococcus pseudintermedius　1, 25, 46, 52, 58, 62, 68, 85, 96, 99, 102, 109, 117, 120, 124, 131, 134, 137, 141, 153, 162, 169, 170, 195
Staphylococcus saprophyticus　124

T
Trichophyton　25

日本語索引（五十音順）

あ

悪臭　75, 85, 99, 102, 107, 117, 131, 138, 148, 158, 163, 196, 200
アトピー　66
アメリカンカール　**107**
アメリカン・コッカー・スパニエル　36, **50**, 162, 206
アメリカン・ショートヘアー　**109**, 134
アレルギー　68, 88
アレルギー専用食　26

い

胃内視鏡　126
イビキ　60
イヤーパウダー　27

う

ウェルシュ・コーギー・ペンブローグ　38, **92**
膿　10

え

栄養カテーテル　19, 20
A液　54, 68, 96, 99, 105, 117, 120, 137, 141, 147, 153, 157, 170, 188, 212
液体（乳白色の一）　188
液体貯留　184
MRI検査　85, 163, 170, 176, 196, 200
エリザベスカラー　41
炎症性物質　30
炎症性ポリープ　**137**, 141

お

黄褐色の分泌物　117, 159, 196, 207, 210
黄色の分泌物　46, 52, 54, 58, 59, 62, 68, 99, 102, 105, 107, 114, 126, 138, 154
黄土色の分泌物　163
黄白色の分泌物　105, 120

か

カールタイプの毛　34
外耳炎　**39**, 191
　難治性－　147
　－の原因　25
　－の対処法　25
家庭での過ごし方　21
痂皮　117
環境因子　57, 68, 89, 161
桿菌　42, 54, 58, 62, 96, 99, 147, 175, 195
鉗子チャンネル　19
眼振　57, 185
換毛時　97

き

奇形　188
気泡　117
逆サイド　vii
逆U字　50, 51
キャバリア・キング・チャールズ・スパニエル　25, **83**
球菌　41, 46, 52, 58, 62, 67, 68, 72, 75, 81, 84, 85, 89, 90, 94, 96, 99, 102, 105, 107, 109, 111, 114, 117, 120, 123, 131, 134, 153, 157, 162, 169, 185, 188, 195, 200, 206

く

クイック染色　20
草木の種　65
黒茶色の分泌物　41

け

外科用直鋏　19
毛刈り　20
欠損
　鼓膜緊張部の－　9, 12, 123
　鼓膜－　125, 129
毛のカット　26
毛の除去　42, 64

こ

高温多湿　91
硬性鏡　20, 22
剛毛　97
ゴールデン・レトリーバー　4, 35, 123
黒色の分泌物　72, 77, 143
骨性隆起　83
骨融解像　196
鼓膜　5, 24
鼓膜外側面凹部　vii, 26, 30
　－の分泌物　6
鼓膜確認不能　120
鼓膜緊張部
　－の欠損　9, 12, 123
　－の発赤　46, 111, 159
鼓膜形成不全　188
鼓膜欠損　125, 129
鼓膜再生　13
鼓膜弛緩部
　－の充血　3
　－の腫大　3
　－の発赤　4, 46, 90
鼓膜周辺の耳道の発赤　114
鼓膜脆弱　21
鼓膜損傷　11, 13, 66, 117, 158, 185

さ

細菌培養　20
サイド　vii
細胞診　20
サンカク　ix, 39
散歩　21, 68, 88

し

シー・ズー　25, 27, 37, 131
CT検査　85, 163, 170,

175, 196, 200
シェットランド・シープドッグ 4
耳炎（難治性－） 60, 147
耳介検査 13
耳介軟骨 108
死角 17
耳垢塊 40, 42, 45, 49, 111, 185
耳垢栓 14
耳垢腺 3
　－の分泌物 4
耳垢腺腺腫 153
耳垢腺導管部腺腫 153
自浄作用 30
耳道 10
　－が長い 39, 70
　－が細い 101
　－の石灰化 163
　－の腫れ 44, 137
耳道狭窄 86, 117, 120
耳道内腫瘤 153, 168, 196, 206
耳道軟骨 50
耳道閉塞 56, 57, 61, 162, 163
柴犬 35, 120
シャー・ペイ 25
視野の違い 16
シャンプー 22, 26, 92, 103
充血（鼓膜弛緩部の－） 3
集積した体毛 115
腫大
　鼓膜弛緩部の－ 3
　トップラインの－ 148
腫瘤 27, 141, 154, 176, 196, 207
　耳道内－ 153, 168, 196, 206
　ピンク色の－ 134
　紫色の－ 134
上皮移動 14, 30
初期治療 13
食物アレルギー 49, 88, 90, 129
白い粉 8
白茶色の分泌物 170, 177

す

垂直耳道 24, 30
水平眼振 57, 185
水平耳道 24, 30
スコティッシュ・フォールド 15, **114**
ストレス 100

せ

清浄化 192, 194
正常鼓膜
　犬の－ 2
　猫の－ 10
線維上皮乳頭腫 175
線維性過形成 175
全耳道切除術 13, 30, 130, 167, **191**, 194, 204
洗浄液 19, 20
　－の選択 21
洗浄液残留 21
全身麻酔 20

そ

早期診断 1
早期治療 2
損傷（鼓膜－） 11, 13, 66, 117, 158, 185

た

多数の毛 63, 94
脱毛 64, 115

ち

茶色の分泌物 46, 84, 89, 90, 109, 147, 170
茶褐色の分泌物 42, 46, 94, 96, 131, 141, 158, 176, 188, 200
中耳炎 57, 60, **117**, 161, 168, 191, 194
　難治性－ 157
注射筒 19
治療間隔 21, 129
治療のながれ 14
チワワ 25, **101**, 188

つ

ツチ骨頭 70
ツチ骨柄 40, 51, 87, 141
　－の横の発赤 159

て

手袋 20
手持ち耳鏡 14, 191
電気メス 192
点耳薬 4, 19

と

トイ・プードル 3, 27, 34, **70**
トップライン x, 50
　－の腫大 148
トリミング 81

な

内耳炎 57, 60, 191, 194, 200
内側対珠突起 83
長い毛 106
流れるタイプの毛 34
軟骨輪 83
難治性外耳炎 147
難治性耳炎 60, **147**
難治性中耳炎 157

に

ニホンスギ 161
入院加療 117, 154
乳白色の液体 188

ぬ

ぬけ viii
抜け毛 61

の

膿汁 108
膿性の分泌物 75, 200
ノギ 6, 27, 65, 67, 69, 94, 97

は

パグ 25, 36, **61**, 194
白褐色の分泌物 134

把持鉗子　19
バンコマイシン　199
半導体レーザー　28, 55, 139, 141, 155, 178, 192, 198, 207

ひ

鼻咽頭ポリープ　175
ビデオオトスコープ　19
表皮嚢腫　56
病理組織学検査　28
ピンク色の腫瘤　134

ふ

V液　102
V字　ix, 30, 40, 144, 192
プードル　25
ブドウ球菌　1
フレンチ・ブルドッグ　25, 37, **57**, 137, 168
分泌物　8, 11, 44, 46, 63, 81, 85, 111
　黄褐色の－　117, 159, 196, 207, 210
　黄色の－　46, 52, 54, 58, 59, 62, 68, 99, 102, 105, 107, 114, 126, 138, 154
　黄土色の－　165
　黄白色の－　105, 120
　黒茶色の－　41
　黒色の－　72, 77, 143
　耳垢腺の－　4
　白茶色の－　170, 177
　茶色の－　46, 84, 89, 90, 109, 170
　茶褐色の－　42, 46, 94, 96, 131, 141, 158, 176, 188, 200
　膿性の－　75, 200
　白褐色の－　134
　－を押し込む　27

ほ

縫合糸　193
ボーダー・コリー　2
ボストン・テリア　25
発赤
　鼓膜緊張部の－　46, 111, 159
　鼓膜弛緩部の－　4, 46, 90
　鼓膜周辺の耳道の－　114
　ツチ骨柄の横の－　159
ポメラニアン　25

ま

マッサージ　90, 92, 99, 105, 115, 117, 120, 137, 153, 157
末梢性前庭障害　191
マラセチア　41, 42, 44, 46, 49, 52, 54, 58, 62, 63, 68, 72, 75, 77, 81, 84, 85, 89, 94, 99, 102, 105, 107, 109, 111, 117, 120, 123, 147, 153, 157, 169, 185, 188, 206
マルチーズ　38
慢性炎症　40
マンチカン　141

み

ミックス（犬）　117
ミックス（猫）　185
ミニチュア・シュナウザー　**104**, 147
ミニチュア・ダックスフンド　4, 34, **39**, 157
ミミヒゼンダニ　110, 113, **131**, 134
耳を掻く　13, 51, 61, 67, 96, 120, 161
耳を振る　120

む

紫色の腫瘤　134

め

綿棒　27

や

薬剤の選択　21

ゆ

U字形　x, 13, 140, 194

よ

ヨークシャー・テリア　**98**, 153

ら

ライン　x
ラブラドール・レトリーバー　4, **87**

り

立耳　57, 60, 69, 92, 97, 98, 101
緑膿菌　1
緑膿菌感染　147

犬と猫の耳の医学　　　　　　　　定価(本体22,000円+税)

2015年11月2日　初版 第1刷発行　　　　　　　　　　＜検印省略＞

著　者	臼　井　玲　子
発行者	福　　　　　毅
印　刷	株式会社平河工業社
製　本	株式会社新里製本所

発　行　**文 永 堂 出 版 株 式 会 社**
〒113-0033　東京都文京区本郷2丁目27番18号
TEL　03-3814-3321　FAX　03-3814-9407
URL　https://buneido-shuppan.com

© 2015　臼井玲子

ISBN　978-4-8300-3259-2　C3061

DVD-ROM ご利用に当たって

動作環境

【Macintosh】
- CPU：インテルプロセッサ以上
- OS：Mac OS X v10.5 以上日本語版
- メモリ：512MB 以上の RAM（2GB 以上推奨）
- ディスプレイ 1024 × 768 以上　フルカラー
- DVD-ROM ドライブ：4倍速以上を推奨

【Windows】
- CPU：インテル Pentium 4 プロセッサ以上
- OS：Microsoft Windows Vista / Windows 7 / Windows 8 以上日本語版
- メモリ：512MB 以上（2GB 以上推奨）
- ディスプレイ 1024 × 768 以上　フルカラー
- DVD-ROM ドライブ：4倍速以上を推奨

ご利用方法

DVD-ROM を開いて下さい。以下のファイル，フォルダが収納されています。

- 📁 DOUGA
- 📁 Mac ユーザー様用再生プレーヤー
- 📄 Autorun.inf
- 📄 Douga Index.pdf
- 🔶 inunekomimi_icon.ico

📄 Douga Index.pdf を起動して下さい。
以下のメッセージが表示されます。

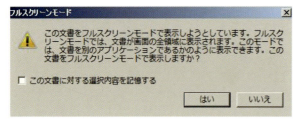

「はい」を選択して下さい。動画ある章タイトルが表示されます。

章タイトルを選択すると動画ファイル名が表示されます。

例

ファイル名	時間	書籍掲載頁
Movie1-1	11秒	3

この場合，書籍の3頁に記載した Movie1-1 に該当する動画で長さは11秒です。

Movie1-1 を選択すれば動画が再生されます。

収載動画のファイル形式は wmv で Windows の場合は Windows Media Player によって動画が再生されます。

Macintosh の場合は DVD に収録の VLC またはお手元の再生プレーヤーをご利用下さい。

Macintosh の場合は以下のウインドウが表示されます。wmv が再生できるプレーヤーをご選択ください。

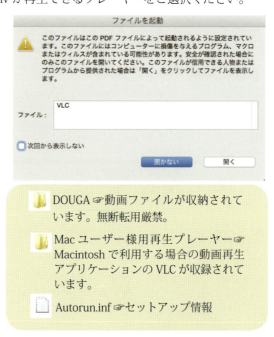

- 📁 DOUGA ☞ 動画ファイルが収納されています。無断転用厳禁。
- 📁 Mac ユーザー様用再生プレーヤー ☞ Macintosh で利用する場合の動画再生アプリケーションの VLC が収録されています。
- 📄 Autorun.inf ☞ セットアップ情報

動画中の用語の注意事項：書籍の本文では，症例の経過について「〜日後」と記載されています。動画ではその「〜日後」と「第〜病日」の両方の記載があります。「第〜病日」とは初診日を第1病日とするものです。例えば「第4病日」は「3日後」を示します。

本 DVD-ROM に使用しています動画を無断で転用することを禁じます。